U0323594

本研究得到以下项目的资助：

浙江省哲学社会科学重点研究基地"浙江省生态文明研究中心"重点课题"浙江省生态文明建设评价指标体系研究"（14JDST01Z）

浙江理工大学人文社科学术专著出版资金（2016 年度）

浙江省生态文明指标体系及绩效评估

THE INDEX SYSTEM AND PERFORMANCE EVALUATION OF ECOLOGICAL CIVILIZATION IN ZHEJIANG PROVINCE

程 华　张志英　廖中举　胡 广　等著

中国环境出版社·北京

图书在版编目（CIP）数据

浙江省生态文明指标体系及绩效评估/程华等著. —北京：中国环境出版社，2017.8

ISBN 978-7-5111-3231-4

Ⅰ. ①浙⋯ Ⅱ. ①程⋯ Ⅲ. ①生态环境建设—评价指标—研究—浙江 Ⅳ. ①X321.255

中国版本图书馆 CIP 数据核字（2017）第 145051 号

出 版 人	王新程	
责任编辑	宾银平	
责任校对	尹 芳	
封面设计	彭 杉	

出版发行 中国环境出版社

（100062 北京市东城区广渠门内大街 16 号）

网 址：http://www.cesp.com.cn

电子邮箱：bjgl@cesp.com.cn

联系电话：010-67112765（编辑管理部）

010-67113412（第二分社）

发行热线：010-67125803，010-67113405（传真）

印 刷	北京中科印刷有限公司
经 销	各地新华书店
版 次	2017 年 8 月第 1 版
印 次	2017 年 8 月第 1 次印刷
开 本	787×960 1/16
印 张	15.25
字 数	250 千字
定 价	68.00 元

前　言

　　正如世界上许多发达国家和发展中国家一样，我国快速的工业化进程也伴随着环境恶化和资源过度开发问题，严重威胁了我国可持续发展。中央政府提出了科学发展观，建设资源节约型和环境友好型社会，陆续提出了一系列相关政策。党的十七大正式把建设生态文明作为全面建设小康社会的目标之一，提出到 2020 年，"建成生态环境良好的国家，基本形成节约能源资源和保护生态环境的产业结构、增长方式、消费模式。循环经济形成较大规模，可再生能源比重显著上升。主要污染物排放得到有效控制，生态环境质量明显改善。生态文明观念在全社会牢固树立"（胡锦涛，2007）。党的十八大提出要将生态文明建设放在突出位置，并将其融入经济、政治、文化以及社会等各方面的建设中。十八届三中全会提出要建立生态文明制度，以制度保护生态环境，并建立符合生态文明建设要求的考核及奖惩机制。

　　浙江省率先从"成长的烦恼"中觉醒。浙江省历届领导集体高度重视生态文明建设，为推进生态文明建设做出了重大贡献。早在 2002 年浙江省委、省政府就提出了建设绿色浙江的战略目标；2003 年，经过努力浙江省成为全国第 5 个"生态省"建设试点省；2003 年浙江省全面启动"生态省"建设战略。时任浙江省委书记的习近平同志提出进一步发挥"八个优势"、推进"八项举措"的决定，即"八八战略"，2004 年 10 月，浙江省开始开展"811"环境整治行动；2008 年和 2010 年，分别开展了第二轮和第三轮"811"环境整治行动。浙江省生态环保事业循序渐进、不断深入的演进过程，也是浙江省不断向生态文明迈进的轨迹；2010 年，浙江省委做出了推进生态文明建设的决定；2012 年，省第十三次党代会提出"坚持生态立省方略，加快建设生态浙江"；2013 年，省委、省政府提出全面推进"美丽浙江"建设。浙江省十三届四次全会提出了"五水共治"，进一步强化绿色导向，推进生态文明建设，具有创新意义。2003 年以来浙江省先后出台了《浙江生态省建设规划纲要》《中共浙江省委关于推进生态文明建设的决定》等一系列政策和文件。强调坚持生态省建设方略，以深化生态省建设为载体，打造"富饶秀美、和谐安康"的生态浙江，努力把浙江建设成为全国生态文明示范区。从"绿色浙江""生态浙江"到"美丽浙江"，在探索符合浙江特色的生态文明之路，建设生态文明走在了全国前列，走出了一条具有浙江特色的生态文明科学发展之路，丰富和充实了生态文明相关内涵和理论。

浙江省及省内各级政府相继出台了一系列促进生态文明建设政策和措施，大大促进了浙江省及各个地区生态文明建设水平。构建科学的生态文明指标体系不仅可以从不同角度客观、科学、准确地评估和测量生态文明建设的水平和建设成效，而且可以客观、全面地了解浙江省生态经济发展、生态资源条件、生态环境治理以及生态民生和谐等方面的现状与问题及成因，科学地辨别不同区域之间的差异情况，总结生态文明建设的经验和不足，为具体实施、定量考核、科学规划未来发展等方面提供依据和借鉴，对制定具有针对性的促进浙江省生态文明建设的政策和措施，推动浙江省生态文明建设具有较大的现实意义。因此，建立一套适合浙江省省情，兼顾经济发展、生态环境、社会民生、文化等方面，促进各个地区协调发展，具有浙江特色的生态文明指标体系，定期发布全省各县（市、区）生态文明建设量化评价情况，以此评估、监测、指导生态文明建设的进程与发展方向，具有重要的理论意义和应用价值。

本书源于浙江省哲学社会科学重点研究基地浙江省生态文明研究中心的重点课题。研究的目的是在充分梳理国内外有关生态文明指标体系研究文献的基础上，界定生态文明的内涵、构成和特征，构建具有浙江特色的生态文明建设评价指标体系。在研究中构建了包括生态经济发展、生态资源条件、生态环境治理、生态民生和谐四个维度在内的浙江省生态文明建设评价指标体系，并对浙江省生态文明建设水平从指标分析、四个维度分析、分地区以及整体等四个层面进行比较全面的研究。利用 SPSS、Eviews 等软件，基于 2006—2014 年中国统计年鉴数据，从指标分析、综合分析、增长率、协调程度等方面，对浙江省 11 个城市生态文明建设水平进行分析，了解各个地区的生态文明发展差异与发展态势。同时，结合国内典型城市和产业生态文明建设案例分析，总结国内典型城市和产业生态文明建设的成效与经验，最后基于研究结论提出了促进浙江省生态文明建设的相关对策与建议。

本书构建的浙江省生态文明指标体系有利于丰富生态文明理论体系。本书的主要创新有：①构建了具有浙江省特色的生态文明指标体系。生态文明总指数是由生态经济发展、生态资源条件、生态环境治理和生态民生和谐四个子系统综合而成的，既体现地区生态文明建设总水平，又关注不同子系统之间的协调状况。子系统内容设置从重点关注经济发展转化为加强资源条件改善与保障社会民生的建设，把生态环境治理放在了重要位置。②把生态资源条件与生态环境治理分别作为两个系统研究，前者评价人类赖以生存的自然资源状况，后者则评价环境的保护、改善与治理工作，有利于丰富生态文明指标体系的维度。

目　录

第1章

绪　论

本章首先介绍了生态文明建设研究的现实背景与理论背景，提出了构建浙江省生态文明建设指标体系、分析浙江省生态文明相关领域建设水平、发展趋势和绩效评估等研究的理论意义与现实意义；然后介绍了本书研究的基本视角、总体思路和研究方法，分析了研究的创新点；最后对研究内容的各章节进行了简要介绍，并给出了本书研究的技术路线。

1.1　研究背景

1.1.1　现实背景

一般认为人类社会的发展经历了原始文明、农业文明、工业之明，现在进入了第四个阶段：生态文明阶段。按照技术社会形态，人们把人类社会的发展历程分为四个阶段，即渔猎社会时期（原始时代）、农业社会时期、工业社会时期、信息社会时期。在渔猎社会时期，人类使用简单的石器工具，主要依靠自然环境赋予的资源生存，生产能力的限制使人类对环境的破坏很小。进入农业社会时期，农业逐步代替了狩猎业，人类生产能力得到提升，对土地的开垦以及自然资源的开发和利用能力都得到了较大的提升，虽然当时对生态环境也逐渐造成了一定的破坏，但是人类对环境的破坏程度在自然的承载能力之内，人类发展和自然是基本协调的。在工业社会，人类利用科学和技术的能力得到提升，利用和改造自然的能力得到迅速提升，社会生产力提升较快，创造了巨额的财富，并从根本上完成了社会重大转型。政治、经济、

1

文化、精神和社会结构都进行了巨大的改变，人类具备了掠夺自然资源的能力（魏晓双，2013）。信息社会时期，以信息技术为代表的高技术渗透到传统产业的各个领域，促进了传统产业的结构调整和升级，为生态文明发展提供了技术支撑和保障。随着人类与环境冲突加剧，人类遭遇到了一系列的环境问题及其带来了严重后果，人类开始反思工业文明给生态环境带来的影响。西方国家开始推动绿色经济、生态文明建设。

我国处在社会主义初级阶段的基本国情决定了生态文明建设的迫切性。第一，我国人口基数较大，2016 年我国大陆总人口为 14.245 6 亿人[①]，虽然拥有资源的绝对数量大，但是人均占有资源相对较少。第二，我国生态环境比较脆弱。我国经济处于快速发展时期，资源需求相对较大，改革开放以来，我国经济发展较快，相当长的一段时间内，我国国民生产总值以 10%左右的速度持续增长，但是我国经济发展模式主要是粗放型的，是以高投入、高消耗为特征的，也是以高污染为代价的。与国际先进水平相比，不仅资源利用效率较低，并且造成了大量污染物的排放，因此出现了资源短缺、环境恶化和生态危机等一系列影响可持续发展的严峻问题。

由环境保护部牵头的调研报告《迈向环境可持续的未来——中华人民共和国国家环境分析》指出，我国每年由于环境污染造成的国民经济损失高达我国国内生产总值的 3.8%（许力飞，2014），如果不采取相关措施，该数值将会继续增加。统计研究发现，中国最大的 500 个城市中，只有不到 1%达到了世界卫生组织推荐的空气质量标准；世界上污染最严重的 10 个城市中有 7 个在中国[②]。

正如世界许多发达国家和发展中国家一样，我国快速的工业化进程也伴随着环境恶化和资源的过度开发问题，严重威胁了我国可持续发展。中央政府提出了科学发展观，建设资源节约型和环境友好型社会，陆续提出了一系列相关政策。党的十七大正式把建设生态文明作为全面建设小康社会的目标之一，提出到 2020 年，"建成生态环境良好的国家，基本形成节约能源资源

---

① 2016 年国民经济实现"十三五"良好开局[R]. 中华人民共和国国家统计局，2017-01-21.
② 张庆丰，罗伯特·克鲁克斯. 迈向环境可持续的未来——中华人民共和国国家环境分析[M]. 北京：中国财政经济出版社，2012.

和保护生态环境的产业结构、增长方式、消费模式。循环经济形成较大规模，可再生能源比重显著上升。主要污染物排放得到有效控制，生态环境质量明显改善。生态文明观念在全社会牢固树立"（胡锦涛，2007）。党的十八大提出要将生态文明建设放在突出位置，并将其融入经济、政治、文化以及社会等各方面的建设中。党的十八届三中全会提出要建立生态文明制度，以制度保护生态环境，并建立符合生态文明建设要求的考核以及奖惩机制。

据全国第二次土地调查结果，浙江土地面积 10.55 万 km²，为全国的 1.1%，是我国面积较小的省份之一[①]。浙江山地和丘陵占 74.63%，平坦地占 20.32%，河流和湖泊占 5.05%，耕地面积仅 208.17 万 hm²，故有"七山一水二分田"之说。2016 年末，浙江全省常住人口为 5 590 万人。2016 年，浙江生产总值（GDP）为 46 485 亿元，人均 GDP 为 83 538 元（按年平均汇率折算为 12 577 美元）[②]，近几年来，浙江经济增长渐趋稳定，仍保持国内第 4 的地位，已经从资源小省发展成为经济大省，但是浙江的环境容量与生态环境的承载力都非常有限，环境污染和生态恶化的现象也开始出现并逐渐突出。随着浙江省经济社会的跨越式发展，城镇化建设发展的步伐加快，经济迅速发展与资源供给不足和环境质量恶化的矛盾将会显现并进一步加剧。

浙江省率先从"成长的烦恼"中觉醒。浙江省历届领导集体高度重视生态文明建设，在探索符合浙江特色的生态文明之路，建设生态文明走在了全国前列。梳理浙江省生态文明建设的重大关键事件与发展历程，发现早在 2002 年浙江省委、省政府就提出了建设绿色浙江的战略目标；2003 年，经过努力浙江省成为全国第 5 个"生态省"建设试点省；2003 年浙江省全面启动"生态省"建设战略。时任浙江省委书记的习近平同志提出进一步发挥"八个优势"、推进"八项举措"的决定，即"八八战略"（①进一步发挥浙江的体制机制优势，大力推动以公有制为主体的多种所有制经济共同发展，不断完善社会主义市场经济体制。②进一步发挥浙江的区位优势，主动接轨上海、积极参与长江三角洲地区交流与合作，不断提高对内对外开放水平。③进一步发挥浙江的块状特色产业优势，加快先进制造业基地建设，走新型工业化道

---

① 地理概况. 官网，引用日期 2016-11-11.
② 2016 年浙江省国民经济和社会发展统计公报[R]. 浙江省人民政府，2017-02-24.

路。④进一步发挥浙江的城乡协调发展优势，统筹城乡经济社会发展，加快推进城乡一体化。⑤进一步发挥浙江的生态优势，创建生态省，打造"绿色浙江"。⑥进一步发挥浙江的山海资源优势，大力发展海洋经济，推动欠发达地区跨越式发展，努力使海洋经济和欠发达地区的发展成为浙江省经济新的增长点。⑦进一步发挥浙江的环境优势，积极推进基础设施建设，切实加强法治建设、信用建设和机关效能建设。⑧进一步发挥浙江的人文优势，积极推进科教兴省、人才强省，加快建设文化大省。）要求发挥浙江生态优势，创建生态省，打造绿色浙江。2004 年 10 月，浙江省开始开展"811"环境整治行动；2008 年和 2010 年，分别开展了第二轮和第三轮"811"环境整治行动。浙江省生态环保事业循序渐进、不断深入的演进过程，也是浙江省不断向生态文明迈进的轨迹；2010 年，浙江省委做出了推进生态文明建设的决定；2012 年，省第十三次党代会提出"坚持生态立省方略，加快建设生态浙江"；2013 年，省委、省政府提出全面推进"美丽浙江"建设。浙江省十三届四次全会提出了"五水共治""三改一拆""四边三化"等组合拳，进一步强化绿色导向，推进生态文明建设，具有创新意义。因此，建立浙江省生态文明指标体系，并测量评估浙江省及各地区生态文明建设绩效具有较大的现实意义。

1.1.2 理论背景

在相当长的时间，人们认为大自然是人们征服与控制的对象，而并非是和谐相处和适应自然的关系，一直持续到 20 世纪。蕾切尔·卡逊著的《寂静的春天》1962 年在美国问世时，她预言了关于农药对环境的危害，揭示了工业文明发展的隐忧，开启了生态文明理论研究的起点。1972 年，罗马俱乐部报告《增长的极限》中提出由于世界人口增长、粮食生产、工业发展、资源消耗和环境污染这 5 项基本因素的运行方式是指数增长而非线性增长，全球的增长将会因为粮食短缺和环境破坏于 21 世纪某个时段内到达极限。1972 年 6 月 5 日，联合国在瑞典首都斯德哥尔摩举行第一次人类环境会议，通过了著名的《人类环境宣言》及保护全球环境的"行动计划"，明确了人类对环境的权利与义务，鼓舞和指导世界各国人民保护和改善人类环境，将每年的 6 月 5 日定为"世界环境日"。

1987 年 2 月，在日本东京召开的第八次世界环境与发展委员会上通过，于 1987 年 4 月正式发表的《我们共同的未来》报告，指出生态压力对社会发展带来巨大影响，呼吁改变当前发展模式，寻找将环境保护和人类发展相结合的发展路径。报告提出以"可持续发展"为基本纲领，论述了当今世界环境与发展方面存在的问题，提出了行动建议。

1992 年 6 月，在联合国环境与发展大会上签署了《气候变化框架公约》；通过了《里约环境与发展宣言》和《21 世纪议程》这两份纲领性文件，重申了 1972 年 6 月 16 日在斯德哥尔摩通过的联合国人类环境会议的宣言，要尊重大家的利益和维护全球环境与发展体系完整。

随着对可持续发展认识的加深，2002 年 8 月 26 日可持续发展世界首脑会议在约翰内斯堡国际会议中心隆重开幕，会议通过了《可持续发展世界首脑会议执行计划》《约翰内斯堡宣言》等文件。可持续发展理念逐渐被接受。

我国生态文明建设起步较早。早在 1983 年 12 月 31 日，第二次全国环境保护会议指出，环境保护是我国现代化建设中的一项基本国策，并制定了我国环境保护事业的战略方针，即经济建设、城乡建设和环境建设同步规划、同步实施、同步发展，实现经济效益、环境效益、社会效益的统一（王学俭和宫长瑞，2010）。

20 世纪 90 年代，可持续发展的理念逐渐深入人心，保护环境逐渐成为国家发展政策的重要组成部分。例如，1990 年颁布的《国务院关于进一步加强环境保护工作的决定》中强调："保护和改善生产环境与生态环境、防治污染和其他公害，是我国的一项基本国策。"江泽民（2002）同志指出："可持续发展，是人类社会发展的必然要求，现在已经成为世界许多国家关注的一个重大问题。中国是世界上人口最多的发展中国家，这个问题更具有紧迫性。"

中央和地方政府相继出台了一系列政策。1994 年，发布了作为指导地方制订经济社会发展计划的《中国 21 世纪议程——中国 21 世纪人口、环境与发展白皮书》，从人口、环境与发展的具体国情出发，确立了中国 21 世纪可持续发展的总体战略框架和各个领域的主要目标及行动方案。1995 年，通过了将可持续发展作为国家发展战略的《中华人民共和国国民经济和社会发展"九五"计划和 2010 年远景目标纲要》，明确把转变经济增长方式、实施可持续发展作为现代化建设的一项重要战略，贯彻"经济发展，必须与人口、环境、资源统筹考虑，不仅要安排好当前的发展，还要为子孙后代着想，为未来的发展创造更好的条件，决不能走浪费资源和先污染后治理的路子，更不能吃祖宗饭、断子孙路"（江泽民，2006）。2000 年正式制定了《全国生态环境保护纲要》。2002 年党的十六大正式提出"可持续发展能力不断增强，生态环境得到改善，资源利用效率显著提高，促进人与自然的和谐，推动整个社会走上生产发展、生活富裕、生态良好的文明发展道路"，生态文明理念已经深入人心。

2007 年党的十七大第一次提出了"建设生态文明"，把"生态文明"作为全面建设小康社会的新目标。胡锦涛同志指出："建设生态文明，基本形成节约能源资源和保护生态环境的产业结构、增长方式、消费模式。循环经济形成较大规模，可再生能源比重显著上升。主要污染物排放得到有效控制，生态环境质量明显改善。生态文明观念在全社会牢固树立。"2012 年党的十八大把生态文明建设提高到前所未有的战略高度，生态文明与经济建设、政治建设、文化建设、社会建设一起形成"五位一体"战略布局。党的十八大报告明确指出，"建设生态文明，是关系人民福祉、关乎民族未来的长远大计。面对资源约束趋紧、环境污染严重、生态系统退化的严峻形势，必须树立尊重自然、顺应自然、保护自然的生态文明理念，把生态文明建设放在突出地位，融入经济建设、政治建设、文化建设、社会建设各方面和全过程，努力建设美丽中国，实现中华民族永续发展"。2013 年党的十八届三中全会对生态文明建设做了进一步部署，明确指出，紧紧围绕建设美丽中国、深化生态文明体制改革，加快建立系统完整的生态文明制度体系，健全国土空间开发、资源节约利用、生态环境保护的体制机制，推动形成人与自然和谐发展现代化建设新格局。这些都极大地丰富和完善了生态文明发展的理论。

浙江省历届省委、省政府都非常重视生态环境保护，为推进生态文明建设做出了重大贡献。2003 年以来浙江省先后出台了《浙江生态省建设规划纲要》《中共浙江省委关于推进生态文明建设的决定》等一系列政策和文件。强调坚持生态省建设方略，以深化生态省建设为载体，打造"富饶秀美、和谐安康"的生态浙江，努力把浙江建设成为全国生态文明示范区。从"绿色浙江""生态浙江"到"美丽浙江"，浙江生态文明建设始终走在全国前列，走出了一条具有浙江特色的生态文明科学发展之路，丰富和充实了生态文明相关内涵和理论。

构建科学的生态文明指标体系不仅可以从不同角度客观评估和测量生态文明建设的水平和建设成效，而且可以总结生态文明建设的经验和不足，为具体实施、定量考核、科学规划未来发展等方面提供依据和借鉴。构建生态文明指标体系，不仅可以对环境、资源、发展的协调程度提供了客观的评价工具，而且可以引导生态文明建设，因此，构建和研究生态文明指标体系是生态文明建设重要的核心内容之一。

国内外众多学者和机构，基于生态承载力、经济、社会、资源环境协调发展等多个视角，构建了各具特色的生态文明指标体系（关琰珠等，2007）。国内外一些机构和部门也纷纷制定了生态文明指标体系，例如，联合国可持续发展委员会开发计划署 1990 年选用收入水平、预期寿命和教育指数三项指标，构建了衡量各成员国经济社会发展水平的人类发展指数。美国 Estes 教授 1972 年构建了涉及教育、健康状况、妇女地位、国防、经济、人口、地理、政治参与、文化、福利成就等 10 个领域的社会进步指数（ISP）。我国多个部委也制定了生态文明建设指标体系，例如，2016 年国家发展和改革委员会、国家统计局、环境保护部、中央组织部制定了《绿色发展指标体系》和《生态文明建设考核目标体系》，对生态文明建设起到了较好的考核和引导作用。

在对以往生态文明指标体系研究文献的梳理中发现，关于生态文明指标体系还存在一定的研究空间。第一，近年来联合国相关组织及我国国家层面建立的一些生态文明指标体系，指标越来越全面，综合考虑了资源、环境、经济和社会等因素，但由于指标数量过多，造成数据获取难度较大，缺乏可操作性。第二，部委和地区特色的生态文明指标体系的适用性存在一定限制。各部委推出的生态文明评价指标体系，如城市生态文明指标体系、农村生态文明指标体系等，针对性太强，适应性有一定局限性。而省市建立的生态文明建设指标体系，由于资源、地理特征、环境条件、经济发展等差异性，建立一套适应不同区域范围、不同发展程度的通用生态文明指标体系还存在一定困难。因此，建立一套适合浙江省省情，兼顾经济发展、生态环境、社会民生、文化等方面，促进各个地区协调发展，具有浙江特色的生态文明指标体系，定期发布全省各县（市、区）生态文明建设量化评价情况，以此评估、监测、指导生态文明建设的进程与发展方向，具有重要的理论意义和应用价值。

1.2 研究目的与研究意义

1.2.1 理论目的

本书源于浙江省哲学社会科学重点研究基地的重点项目。研究的目的是在充分梳理国内外有关生态文明指标体系研究文献的基础上，界定生态文明的内涵、构成和特征，构建具有浙江特色的生态文明建设评价指标体系，以此为基础对浙江省 11 个地区生态文明建设水平进行分析与评估，对浙江省 11 个地区生态文明指标各子指标进行评估与分析，了解各地区的发展差异与发展态势，定期发布全省各县（市、区）生态文明建设量化评价情况，总结国内典型城市和产业生态文明建设的成效与经验，为浙江省生态文明建设提供决策依据和借鉴。

1.2.2 研究意义

构建浙江省生态建设评价指标体系并对各地区的生态文明建设绩效进行评价具有重要的理论意义和实践意义。

1.2.2.1 理论意义

（1）建立和完善浙江省生态文明指标体系，将有利于丰富和完善生态文明建设理论。浙江省生态文明建设走在全国前列，建立具有特色的浙江省生态文明指标体系，有利于丰富浙江省的生态文明建设研究成果，充实生态文明指标体系研究成果。本书将借鉴浙江省统计局课题组（2013）构建的生命文明指标体系，考虑近几年浙江省生态文明建设的最新成果和进展，构建浙江省生态文明指标体系。研究将丰富浙江省生态文明指标体系建设理论。

（2）构建的生态文明指标的维度，丰富了生态文明研究的内涵。生态文明的维度主要有经济、社会、环境和制度等。不同学者基于不同视角选择不同的维度来构建生态文明指标。有资源节约、环境友好、生态经济、社会和谐、生态保障等五个维度（王文清，2011）；生态环境保护、经济发展、社会进步等三个维度（蒋小平等，2008）等。本书将生态文明分为生态经济发展、生态资源条件、生态环境治理以及生态民生和谐四个维度，丰富了生态文明指标体系的内涵和研究内容，有利于我国生态文明建设的理论深化。

1.2.2.2 实践意义

（1）建立和完善浙江省生态文明指标体系并对各地区生态文明绩效进行评估，有利于推进浙江省生态文明建设的深入。随着生态文明指标体系的完善和科学，有利于客观评价和考量浙江省和各地区生态文明绩效，为政府建立新型的生态文明建设绩效的考核提供依据。将生态文明建设绩效纳入政府政绩考核是浙江省生态文明建设的重要创新。构建科学的浙江省生态文明建设评价指标体系有利于引导浙江省未来生态文明建设。

（2）构建浙江省生态文明建设指标体系并对各地区绩效进行评估与比较，为政府制定相关促进生态文明发展的举措提供依据。目前，浙江省和各级政府相继出台了一系列促进生态文明建设政策和措施，大大促进了浙江省及各地区生态文明建设水平，建立生态文明指标体系，并对各地区进行评估与比较，可以客观、全面地了解浙江省生态经济发展、生态资源条件、生态环境治理以及生态民生和谐等方面的现状与问题及成因，科学地辨别不同区域之间的差异情况，制定具有针对性的促进浙江省生态文明建设的政策和措施，推动浙江省生态文明建设具有较大的现实作用。

1.3 研究思路与方法

1.3.1 研究的思路

本书关于区域生态文明建设的研究是基于可持续发展的视角。可持续发展强调人与自然和谐共处，强调一个地区的发展要从单一注重经济的发展转变为经济、社会、生态、环保等方面的全面协调及可持续发展。一个地区生态文明建设的目标就是基于可持续发展的理念，为当地居民提供优美的环境、适宜的生存空间、完善的生活条件。所以，研究生态文明建设需要综合考虑当地居民生活状况、经济发展水平、资源利用及环境保护等方面。鉴于此，我们在研究中构建了包括生态经济发展、生态资源条件、生态环境治理、生态民生和谐四个维度在内的浙江省生态文明建设评价指标体系，并对浙江省生态文明建设水平从指标分析、四个维度分析、分地区分析及整体分析等四个层面进行比较全面的研究。

利用 SPSS、Eviews 等软件，基于 2006—2014 年中国统计年鉴数据，从指标分析、综合分析、增长率、协调程度等方面，对浙江省 11 个地区生态文明建设水平进行分析，同时，结合国内典型城市和产业生态文明建设案例分析，提出促进浙江省生态文明建设的相关对策与建议。

1.3.2　研究方法

本书采用文献研究法和数理统计法相结合，力求研究结论的客观和科学。在实际研究和分析过程中，多种分析方法融合在一起。总体上，本书采用了以下几种方法。

（1）文献研究法。从图书馆、互联网、数据库中收集、查询和整理国内外有关生态文明指标体系及其评估的相关文献资料，对生态文明、生态文明建设评价指标体系等国内外相关文献进行梳理和总结，对生态文明的维度构成以及评价方法进行了研究与比较，总结目前生态文明指标体系研究存在的不足。在文献研究基础上构建浙江省生态文明指标体系。

（2）专家访谈法。由于国内外众多学者基于不同的研究视角构建了一些具有差异化的生态文明建设指标体系，但是仍缺乏一套科学性相对较高的指标体系，指标中各个维度的信度和效度值偏低，因此使指标体系在全面性和权威性上有欠缺。此外，指标选取过程中，面临数据可获得性和指标全面性的矛盾，在已有资料的基础之上，两者难以同时达到理想状态。鉴于此，本书在生态文明指标体系构建的过程中，采用专家访谈的方法，提高指标体系的内容效度，并根据专家的意见，进行相关指标的删减，提高指标的科学性。

（3）数理统计分析方法。研究数据主要源于 2006—2014 年《中国统计年鉴》《中国城市统计年鉴》的统计数据，部分缺失数据源于《浙江统计年鉴》、各地区统计年鉴以及各地区官方统计网站。通过 Excel、SPSS 和 Eviews 等软件对数据进行分析。采用熵值法确定各指标权重。

1.4　研究创新点

本书构建的浙江省生态文明指标体系有利于丰富生态文明理论体系，研究过程中所采用的指标筛选、赋权以及综合评价方法也有利于丰富现有的生态文明建设评价体系。主要创新有以下几点：

（1）构建了具有浙江省特色的生态文明指标体系。基于国内外文献研究，针对浙江省基本状况，结合专家访谈法，构建了浙江省生态文明建设评价指标体系。生态文明总指数由生态经济发展、生态资源条件、生态环境治理和生态民生和谐四个子系统综合而成，既体现地区生态文明建设总水平，又关注不同子系统之间的协调状况。子系统内容设置从重点关注经济发展转化为加强资源条件改善与保障社会民生的建设，把生态环境治理放在了重要位置。通过主成分分析法对指标进行了筛选，确保指标体系具有良好的信度与效度。

（2）将生态资源条件与生态环境治理作为两个系统研究。生态资源条件是评价研究人类赖以生存的自然资源状况，生态环境治理则评价环境的保护、改善与治理工作，将他们分成两个子系统，有别于以往把资源与环境放在一起的思路，有利于丰富生态文明指标体系的维度选择。所有的评价指标都具有导向性，除了静态评价外，还可以动态监测生态文明建设情况。

（3）构建多维度指标体系。本书在对浙江省生态文明建设评价过程中，从多个角度进行分析。对浙江省 2006 年到 2014 年综合水平进行了分析，从四个维度分析了各地区的生态文明建设水平、生态文明指数的增长率及各地区在不同维度上的差异。

（4）结合国内的相关案例研究，提出了促进浙江省生态文明建设的相关对策与建议。在生态文明建设中，典型城市生态文明建设，典型产业的升级转型，对浙江省生态文明建设具有重要的借鉴作用。例如，建立和完善生态环保的法律体系，制定各种促进经济发展方式转型升级的政策措施，依靠科学技术解决环境与发展的协调问题，重视培养和提高公民的环境保护意识及参与意识等。本书对以往的经验措施进行了提炼，提取出对浙江省具有借鉴意义的经验信息。

1.5　研究内容与技术路线

全书共分为 10 章。

第 1 章：绪论。首先介绍了生态文明建设研究的现实背景与理论背景，提出了构建浙江省生态文明建设指标体系和绩效评估等研究的理论意义与现实意义；介绍了研究的视角、总体思路和研究方法，研究的创新点，简要介绍了研究内容，提出了研究的技术路线。

第 2 章：生态文明的理论研究。本章首先从理论分析入手，介绍生态文明的内涵和基本特征，国内外生态文明的测量，从政策、经济和社会科技层面分析生态文明的影响因素，及生态文明对政治、经济和社会发展的推动作用，为构建浙江省生态文明评价指标体系提供理论依据和参考。

第 3 章：浙江省生态文明建设实践。本章主要阐述了浙江省生态文明建设的背景、生态文明建设的必要性，介绍了浙江省生态文明从"绿色浙江""生态浙江"到"美丽浙江"的发展历程，介绍了浙江省生态文明建设的主要成绩与经验，浙江省在生态文明建设过程中的主要措施，并提出浙江未来生态文明建设中需要关注的问题。

第 4 章：浙江省生态文明建设评价指标体系构建。首先综述了浙江省生态文明建设评价指标体系构建的理论基础和指标选取原则；其次介绍了生态文明指标体系预选和筛选的方法与结果，通过主成分分析法和相关系数法相结合筛选出最终用于评价的指标体系，并阐述了该指标体系的结构和创新。

第 5 章：浙江省生态文明建设指标分析。基于 2006—2014 年的数据，对浙江省 11 个地区的生态文明建设各子系统进行分析。通过对浙江省以及省内 11 个城市生态文明建设指标体系中的每个指标进行纵向和横向分析与比较，找出指标的时间变化规律和空间变化特征，为进一步评估浙江省及各个地区的生态文明绩效提供基础。

第 6 章：浙江省生态文明建设综合评价。本章首先叙述了综合评价指标权重确定的熵值法，并在此基础上利用加权平均计算浙江省生态文明各子系统的指数值，对浙江省及 11 个城市生态文明建设绩效进行综合评价。最后还分析了浙江省四个子系统之间的协调程度，以此探讨浙江省生态文明建设过程中各系统之间相互均衡与协调发展的现状。

第 7 章：浙江省 11 个城市生态文明建设水平分析。本章主要对浙江省 11 个城市的生态文明建设状况逐一进行分析，按照各城市历年生态文明建设指数的增长率进行排序比较，并根据历年四个系统的指数值对 11 个城市进行聚类，计算各城市不同子系统之间的协调系数，以此来揭示不同地区生态文明建设现状差异以及各地区的侧重点。

第 8 章：浙江省县级层面生态文明建设评价——以安吉为例。本章叙述了安吉县生态文明建设提出的背景、该县生态文明建设评价的方法以及生态文明指标体系设计的理论依据，提出了安吉县生态文明建设评价的指标体系并以此为基础对安吉县生态文明建设成果进行了实证研究。

第 9 章：国内生态文明的实践。本章主要分析国内促进生态文明发展的相关举措。对我国上海、浙江省开化县等的生态文明建设措施和经验进行总结，对传统产业——钢铁产业转型升级进行了分析与总结，归纳和提炼地区和产业生态文明建设的经验。

第 10 章：总结与建议。本章主要对前面章节进行整理总结并在此基础上提出了促进生态文明建设的相关对策和建议，最后提出了研究的不足和展望。

本书的研究技术路线如图 1-1 所示。

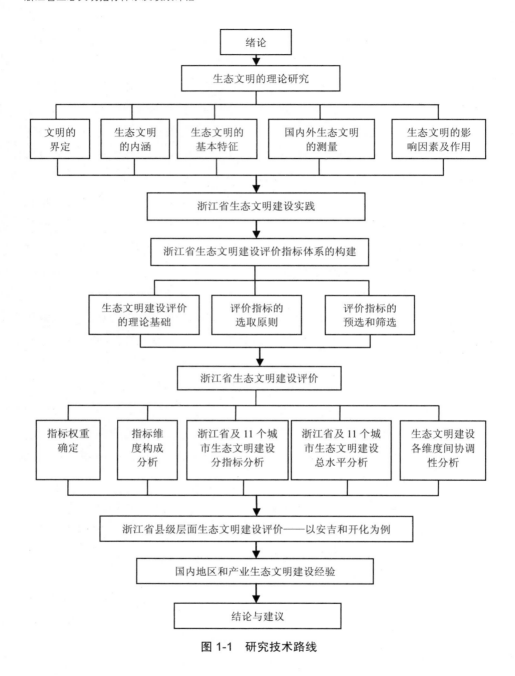

图 1-1　研究技术路线

参考文献

[1]　关琰珠，郑建华，庄世坚. 生态文明指标体系研究[J]. 中国发展，2007（6）：21-27.

[2]　胡锦涛. 高举中国特色社会主义伟大旗帜　为夺取全面建设小康社会新胜利而奋斗[M]. 北京：人民出版社，2007.

[3]　江泽民. 江泽民文选（第一卷）[M]. 北京：人民出版社，2006：8.

[4]　蒋小平. 河南省生态文明评价指标体系的构建研究[J]. 河南农业大学学报，2008，42（1）：61-64.

[5]　王文清. 生态文明建设评价指标体系研究[J]. 江汉大学学报，2011，10（5）：16-19.

[6]　王学检，宫长瑞. 试析马克思主义生态文明观及其当代意蕴[J]. 理论探讨，2010（2）：25-28.

[7]　魏晓双. 中国省域生态文明建设评价研究[D]. 北京：北京林业大学，2013.

[8]　许力飞. 我国城市生态文明建设评价指标体系研究——以武汉市为例[D]. 北京：中国地质大学，2014.

[9]　张庆丰，罗伯特·克鲁克斯. 迈向环境可持续的未来——中华人民共和国国家环境分析[M]. 北京：中国财政经济出版社，2012.

[10]　浙江省人民政府. 2016 年浙江省国民经济和社会发展统计公报[R]. 2017-02-24.

[11]　浙江省统计局课题组. 浙江省生态文明建设评价指标体系研究和 2011 年评价报告[J]. 统计科学与实践，2013（2）：4-8.

第 2 章
生态文明的理论研究

随着人类对人、自然、社会关系进一步的认识和深刻反思，生态文明研究日益受到政府界和学术界的广泛关注和重视。生态文明是以可持续发展为特征的高级文明形式（王如松，2013）。本章首先从理论分析入手，介绍生态文明的内涵和基本特征，国内外生态文明的测量，从政策、经济和社会科技层面分析生态文明的影响因素，以及生态文明对政治、经济和社会发展的推动作用，为构建浙江省生态文明评价指标体系提供理论依据和参考。

2.1 生态文明概念

从构词上说，"生态文明"是一个复合概念，内在地包含"生态"和"文明"两层含义。因此，分别从生态和文明的界定着手来认识生态文明的内涵。

2.1.1 生态的界定

"生态"，英文表示为"ecology"，源于古希腊字"oikos"和"logos"，意思是指家、隐蔽的场所，延伸为生物生存的环境（谷树忠等，2013），《现代汉语词典》将其解释为"指生物在一定的自然环境下生存和发展的状态，也指生物的生理特性和生活习性"[①]。

与生态相关的最早研究是德国著名生物学家黑格尔（Ernst Haeckel）于1866年所著的《有机体普通形态学原理》，他从研究生物个体的生存开始，重

[①] 现代汉语词典，北京：商务印书馆，2016：1169.

点研究生物与其生存环境之间的关系，认为生态归根到底就是一种关系的描述，是自然有机生命体与周围世界的关系（王丹，2014）。同时，黑格尔（Ernst Haeckel）1869 年在《有机体普通形态学》中首先在"生态"的基础上提出了"生态学"的概念，他认为"生态学是研究生物有机体与无机环境之间相互关系的科学"，他认为，有关有机体与周围环境甚至全部生存条件之间的关系的所有学科都属于生态学范畴，从此揭开了生态学发展的序幕。生态学早期以动植物为主要研究对象，现已逐步延伸到人类，进一步研究人与自然的关系。

生态的内涵随着生态学的发展逐渐丰富起来。目前，对于"生态"的理解呈现一种多元化的趋势，即：生态是一种自然，是自然界（包括人类）的和谐；生态是一种环境，是生物和人类生存的自然环境；生态是一种适应，是生物和人对环境的适应；生态是一种综合，是多因素综合作用的系统；生态是整体；生态是发展、是演变、是动态演化等（赵晨洋，2005）。

总的来说，生态的重要观点是关系。正是由于生态系统中各生物间的关系性，生态系统构成了一个整体，其中每一个个体的存在都是具有价值的：一方面，任何生物都有生存和繁衍后代的需求，多种生物在有限的资源条件下相互竞争，在实现自身利益的同时也为其他一些物种创造了生存条件，从这一点上说，一个个体对其他个体的生存有着积极价值；另一方面，对于整个生态系统来说，任何物种的存在和演化都促进生态更加完整、丰富，对维持生态平衡、保证生态健康具有重要意义。

2.1.2　文明的界定

在我国，"文明"一词最早出自《易经》，"见龙在田、天下文明"[①]。早在原始社会，从人类开始钻木取火、采集狩猎开始，就进入了原始文明时代；后来，由于铁器的发明和使用，农业和畜牧业明显发展，人类进入农业文明时代；17 世纪初，机械化大生产占据主导地位，人类进入工业文明时代。然而，工业文明的发展却以牺牲环境为代价，甚至被称为"黑色文明"。因此，在如今追求保护环境、人与自然和谐相处的背景下，生态文明成了人类文明

---

① 王颖颖．"文明"是抽象的概念更是具体的行动[EB/OL]. 中国文明网，（2015-02-05）. http：// www.wenming.cn/wmpl_pd/yczl/201502/t20150205_2440897.shtml.

进程中更为高级的阶段。总的来说，人类在认识世界和改造世界的过程中通过各种研究努力所取得的不同成果的结晶即为文明（阎庆，2015）。

在西方，"文明"一词源于拉丁语 civis，意思是"城邦的居民"，其本质含义为人民生活于城市和社会集团中的能力，这表明文明是与人相联系的，与无人的城外荒野相对（吴明红，2012）。文明是人类对自然之防卫及人际关系之调整所累积造成的结果、制度等的总和（弗洛伊德，1986），进一步地，它表示人类交际活动逐渐改进（福泽谕吉，1959）。因此，正如美国著名学者菲利浦·巴格比曾所说，文明最初是一个个体的自身修养过程，并最终演变为一种集体的状态（赵林，2005）。特雷对文明的定义认为："文明：开化的行为；开化的状态，即工艺、宗教、美术和科学的相互作用所产生的观念和风格的总和。"

随着社会发展，文明一词的内涵也越来越丰富，包含了文治、教化、伦理、政治和教育等各个方面。文明这一概念由于其抽象性和丰富性，古今中外的学者和思想家都尚未形成统一说法。本书借鉴恩格斯"文明是实践的事情，是一种社会品质"（恩格斯，1956）这一观点，采用《政治文明论》一书对文化的定义，即文化是人类社会生活的进步状态。从静态的角度看，文明是人类社会创造的一切进步成果；从动态的角度看，文明是人类社会不断进化发展的过程（虞崇胜，2003）。

另外，文明具有狭义和广义之分。从狭义上来讲，文明是人类脱离野蛮或蒙昧状态，而达到一定程度所形成的，它是单纯以物质需要增加为衡量标准。而广义的文明超脱于物质之上，把人类提高到高尚的精神境界，它涉及社会各个方面，主要围绕人与人、人与自然以及人与社会的关系展开，具体可将其分为物质层次、制度层次和精神层次三个层次。本书所提到的文明均指广义的文明。

需要说明的是，文明与文化不同。文明是一元的，是以人类基本需求和全面发展的满足程度为共同尺度的；文化是多元的，是以不同民族、不同地域、不同时代的不同条件为依据的。文明是文化的内在价值，文化是文明的外在形式（陈炎，2006）。

2.1.3　生态文明的内涵

生态文明出现于工业文明之后,是 20 世纪 80 年代初我国学术界探讨如何应对环境严重恶化这一课题所提出的新概念(李校利,2013)。社会各界希望利用生态文明的思想来解决人类面临的一系列资源环境问题,以保证人类社会可持续发展,使人类与自然的矛盾得以化解。

生态文明的出现,并不是要彻底抛弃以往的物质文明、精神文明以及制度文明的现有成果,它是在广义文明的基础之上融入了生态的思想,它要求改变现有的生活方式和生产方式,改善人与自然的紧张关系(邹爱兵,1998)。生态文明包含了"生态"与"文明"的结合,其应有之意为可持续发展,广义文明包含制度文明、物质文明和精神文明三个方面,两者结合在一起就是将生态之意融入文明之中。生态文明赋予了物质文明保障经济社会与自然生态平衡发展的内在要求,同时也赋予了制度文明应该包含维系人与自然和谐发展的制度以及政策法规的要求(张首先,2010)。生态文明以广义的文明为依托,赋予物质文明、精神文明以及制度文明新的内涵(张佳佳,2012)。

众多学者从不同角度对生态文明的理解略有不同,有学者认为生态文明并不是指自然生态的"文明"状态,而是指用文明的方式对待生态(吴祚来,2007)。生态是各种力量相互制约的结果,也是各种力量协调共生的结果;也有学者认为,生态文明不仅仅是人与自然的关系,还包括人与人的关系(葛悦华,2008)。何天祥等(2011)将学者们的观点归纳成三类:第一种观点坚持人本位,强调人类在主动利用自然、改造客观世界、促进人类全面发展的前提下,积极保护生态环境,努力改善和优化人与自然的关系,是人类建设良好生态环境取得物质与精神成果的总和;第二种观点注重自然本位,强调要把经济发展与生态保护紧密联系起来,要在确保生态安全的前提下发展,通过发展不断改善生态环境,实现人与自然协调发展;第三种观点坚持人地和谐发展,认为生态文明"是指人类遵循人、自然、社会和谐发展这一客观规律而取得的物质与精神成果的总和,是指以人与自然、人与人、人与社会和谐共生、良性循环、全面发展、持续繁荣为基本宗旨的文化伦理形态"。李校利(2013)认为生态文明应包括自然生态文明、社会生态文明和人文生态文明三重形态，蕴含自然、社会和精神三重价值的和谐。人与自然的和谐发展是生态文明建设的核心，人与社会的和谐发展是生态文明建设的关键理念，人生命本体的和谐是生态文明建设的终极指向。

胡锦涛（2012）界定了生态文明建设内涵，"建设生态文明，实质上就是要建设以资源环境承载力为基础、以自然规律为准则、以可持续发展为目标的资源节约型、环境友好型社会"。他认为，建设生态文明，是关系人民福祉、关乎民族未来的长远大计。面对资源约束趋紧、环境污染严重、生态系统退化的严峻形势，必须树立尊重自然、顺应自然、保护自然的生态文明理念，把生态文明建设放在突出地位，融入经济建设、政治建设、文化建设、社会建设各方面和全过程，努力建设美丽中国，实现中华民族永续发展。

综上所述，生态文明是以自然为核心，以人、自然和社会间的和谐共生关系为基础，形成的一种新的社会形态。生态文明强调人与自然和社会共生依存的辩证关系，同时它也要求人与人的和谐共处。

2.1.4　生态文明的基本特征

生态文明是一种新的文明，与以往的农业文明以及工业文明相比较，具有以下特征（胡广，2016）：

（1）生态性。生态文明是人类在具备改造自然的能力的状态之下，从思想上主动亲近自然，是人类对自然的主动回归，而非被动接受，在社会发展过程中，将生态的思想融入其中，生态文明并不完全排斥工业文明的成果，它能够为工业文明的成果赋予生态的元素，帮助人类更好地亲近自然。

（2）和谐性。生态文明的一个重要方面是可持续发展，可持续发展的一个重要方面是人与自然和谐共处。在工业文明的发展过程中，随着科技的进步，人类逐步背离了自然，进而对自然造成严重破坏。生态文明主张人类遵循自然生态规律，在此条件之下，科学地利用自然赋予的资源，在满足人类发展的多重需要的情况下，还能维持人与自然的协调发展。

（3）系统性。生态文明一方面是继承与发展了农业文明和工业文明的成果，另一方面又丰富了物质文明、精神文明和制度文明的内涵，在两个方面的结合之下形成了一种新的社会形态。它包含了社会发展的各个方面，将自然环境、文化、精神、制度、艺术以及审美等方面有机地结合起来，构成一个完整的系统。

（4）进化性。一个处于生态文明状态的系统，能够在一定程度上抵御内外部的变化，在一定程度上维持稳定的状态，最终能够将外部冲击和内部变化从非正常状态恢复到正常状态。生态文明系统处于不停地运动与变化中，在内部各要素之间相互作用的过程中，不断进化完善，使整个系统趋向成熟。

2.2   生态文明的测量

2.2.1   国外研究

国外对生态文明的研究开始主要侧重于可持续发展的理论研究，自 1987 年世界环境与发展委员会（WCED）在《我们共同的未来》中提出可持续发展的概念以来，众多研究机构和学者对可持续发展从不同角度构建了各类型的指标体系。其中，影响比较大的指标体系有 4 种：联合国可持续发展委员会的可持续发展指标体系、生态足迹法、环境可持续指数（ESI）、环境绩效指数。

2.2.1.1   联合国可持续发展委员会的可持续发展指标体系

1995 年 4 月联合国可持续发展委员会（CSD）通过了可持续发展指标（ISD）项目工作计划，于 1996 年 8 月推出了可持续发展指标框架和方法。该指标体系在"压力—状态—响应"（PSR）模型的基础上进行扩展，构建了"驱动—状态—响应"（DSR）模型，该模型以经济、社会、环境以及机构四个方面作为框架，共设计了 134 个指标，包含社会指标、经济指标、环境指标以及制度指标四类，每类指标都包含驱动指标、状态指标以及响应指标三种。其中驱动指标用以监测影响可持续发展的人类活动、进程和模式；状态指标用以监测可持续发展过程中的各系统的状态；响应指标用以监测政策的选择和其他人类活动的响应。该指标体系经过多国不断的实践与反馈，不断改进完善。

2001 年，联合国可持续发展委员会出版了《可持续发展指标：指导原则和方法》，该报告将指标体系分为 15 个主题，38 个子主题，形成了"主题—

指标"框架，共采取了 58 个核心指标，并将指标分为四大类，其中，社会指标 19 个，经济指标 19 个，环境指标 14 个，制度指标 6 个。后在其修订的版本中，对指标进行了一定的简化。

该指标体系是目前最具权威的国际和国家一级的可持续发展指标体系。它以《21 世纪议程》为根本出发点，包含了《21 世纪议程》中所强调的主要部分，该指标体系给各国提供了灵活的指标体系构建模式，对各国建立符合自身的指标体系具有重要的参考价值，也给研究可持续发展评价体系的学者提供了借鉴。但是在实际操作过程中，指标体系为了覆盖全面，侧重对评价对象的全面描述，过多关注环境和生物物理方面的指标，所选择的指标过多且分类较为庞杂，不同指标并不能简单的加和，削弱了其推广程度以及可操作性。

2.2.1.2 生态足迹法

生态足迹（Ecological Footprint，EF），最早是由加拿大生态经济学家威廉·里斯（William Rees）等在 1992 年提出的，1996 年由其博士生威克纳格（Wackernagel）完善，是一种衡量人类对自然资源利用程度以及自然界为人类提供的生命支持服务功能的方法。它是指在给定的人口单位内（一个人、一个城市、一个国家或全人类）需要多少具备生物生产力的土地和水，来生产所需资源和吸纳所衍生的废物。该方法通过估算维持人类的自然资源消费量和同化人类产生的废弃物所需要的生物生产面积大小，并与给定人口区域的生态承载力进行比较，来衡量区域的可持续发展状况，以评价可持续发展程度（吴斌等，2011）。

在生态足迹指数的计算中，将各种资源和能源消费折旧为化石能源用地、耕地、草地、林地、建筑用地和海洋等 6 种生物生产面积类型。将这些具有不同生态生产力的生物生产面积转化为具有相同生态生产力的面积，需进行均衡处理。对这 6 类生物生产面积进行均衡处理，得到的面积为具有全球平均生态生产力的生物生产面积，加总计算即可得到生态足迹和生态承载力。

生态足迹指数理论既能够反映出个人或地区的资源消耗强度，又能够反映出区域的资源供给能力和资源消耗总量，有助于监测可持续发展方案实施的效果。生态足迹法具有计算简单、可复制性和可操作性强等方面的优点。

但是生态足迹法还存在一些不足：它关注的是单方面信息，主要强调人类发展对环境和生态的影响，忽略了社会、经济、技术等其他方面，而且生态足迹对数据的要求较高，实际所占有的生态足迹要比计算结果更大，因此限制了它的推广（吴明红，2012）。

2.2.1.3　环境可持续指数（ESI）

世界经济论坛（WEF）"明日全球领导者环境工作组"（Global Leaders of Tomorrow Environment Task Force）与美国耶鲁大学环境法律与政策中心以及哥伦比亚大学国际地球科学信息网络中心合作提出了环境可持续指数（Environmental Sustainability Index，ESI），用以衡量一个国家和地区能为其后代人保持良好状态的能力。ESI 为比较跨国环境问题提供了一个系统的指标，为分析环境政策问题提供了一个基础，在国家或地区确定优先进行的政策改善、量化政策和项目成功状况、促进调查经济和环境发展的相互关系、确定影响环境可持续能力的主要因素等各方面，提供了参考标准。因其测量结果会在瑞士达沃斯世界经济论坛上公布而具有较大影响（吴斌等，2011）。

ESI 基于"压力—状态—响应"模型，从环境系统状态、环境系统承受压力、人类对于环境的脆弱性、社会与体制应对环境挑战的能力和全球环境合作需求的反应能力来测评环境可持续指数，这 5 个方面构成了 ESI 测评的核心领域。环境系统领域又分别由空气质量、生物多样性、土地、水体质量、水储量等 5 项指标（共 17 个变量）来反映；减轻压力领域分别由减少空气污染、减轻生态系统压力、降低人口增长、减轻废物和消费压力、减轻水压力、自然资源管理等 6 项指标（共 21 个变量）来反映；减少人类损害领域由环境保健、人类基本生计、减少环境相关的自然灾害脆弱性等 3 项指标（共 7 个变量）来反映；社会和体制能力领域由环境管理、生态效率、私有部门的响应、科学与技术等 4 项指标（共 23 个变量）来反映；全球参与由参与国际合作的努力、减少温室气体排放、减缓跨境环境压力等 3 项指标（共 7 个变量）来反映。该指标体系共有 5 个核心领域，21 项指标，75 个变量。ESI 研究组不断对其进行更新、改进和检验，陆续推出了 2000 ESI、2001 ESI、2002 ESI 和 2005 ESI 等版本，逐年在世界经济论坛上公布测评结果。2009 年公布了 144

个国家和地区的环境可持续指数，影响较大。

目前来看，该指标体系仍有待改进，专家指出，它还存在以下一些问题：一是统计数据缺失严重，2005 年有 18.6%的数据缺乏，特别是发展中国家的数据缺口更大；二是各国测量方法不是太统一，测量的数据可比较性和权威性存在问题；三是研究方法有待进一步改善。这些问题影响其评价结果的权威性。

2.2.1.4 环境绩效指数

由于 ESI 还有些不足，ESI 研究组在 2006 年推出了一套新的指标体系——环境绩效指数（Environmental Performance Index，EPI）。环境绩效指数主要围绕减少环境对人类健康造成的压力和提升生态系统活力和推动对自然资源的良好管理的两个基本目标。围绕环境健康和生态系统活力这两个目标，选择 16 项指标，涉及 6 个完备的政策范畴，即环境健康、空气质量、水资源、生产性自然资源、生物多样性和栖息地、可持续能源。2008 年，研究组对原有的指标体系做了一些调整，将政策范畴中的"可持续能源"改为"气候变化"，将指标增加到 25 个。

环境绩效指数采用目标渐近的方法，重点关注那些与政策目标相关的环境成果。它采取专题排名和综合排名相结合的办法，可以促进在全球范围或相似群体之内进行对比分析。环境绩效指数的真正价值不在于整体排名，而在于其对深层数据和指标的细致分析。根据专题、政策范畴、相似群体和国家等不同标准分析环境绩效。它可以更容易地区别先进国家和落后国家，充分显现最佳的政策行为模式，为将来的行动寻找战略重点。作为对污染控制和自然资源管理的定量指标，该指数为提高政策制定水平提供了强有力的工具，为环境决策建立了更为牢固的分析基础。

该指数的主要问题是存在数据缺失以及如何更合理地对复杂的环境进行简化[①]。

---

① 吴明红. 中国省域生态文明发展态势研究[D]. 北京：北京林业大学，2012.

2.2.2　国内研究

在我国，对生态文明建设的研究还在不断成熟过程中，缺乏绝对权威的评价标准，大部分是基于国外可持续发展、循环经济、绿色经济等相关研究成果来构建国内生态文明建设评价指标体系。近年来，国家对生态问题越来越重视，提出了一系列的生态文明治理理念。在此背景之下，越来越多的政府部门、学者、研究机构投身于生态文明建设评价指标的研究之中。

2.2.2.1　国家各部委对生态文明建设评价的探讨

我国主要有以下几个部委对生态文明建设评价做了探讨：

建设部于 2000 年发布了《国家园林城市标准》，从 7 个标准 40 项指标来测评园林城市，分别为组织管理标准（7 项）、规划设计标准（4 项）、景观保护标准（4 项）、绿化建设标准（7 项）、园林建设标准（5 项）、生态建设标准（7 项）以及市政建设标准（6 项），并形成了有力的监管制度。

之后，建设部于 2007 年推出了《宜居城市科学评价标准》作为指导性的科学评价标准，将宜居指数达到 80 分以上城市列为宜居城市。宜居城市科学评价标准包括社会文明度指标 15 项，经济富裕度指标 5 项，环境优美度指标 17 项，资源承载度指标 4 项，生活便宜度指标 31 项，总计 72 项指标。在该指标体系中生活便宜度指标较多，而资源承载度指标较少，有重生活舒适度而轻资源环境承载力之嫌。

2008 年，环境保护部制定了《生态市建设规划》，并根据《生态市建设规划》推出了"生态市"建设指标体系，包括了经济发展指标 5 项，生态环境保护指标 11 项，社会进步指标 3 项。该指标体系忽略了公众参与度，不能全面反映生态文明发展，且因为部门属性，更多指标设置的为环境方面指标。

2013 年，水利部提出关于加快推进水生态文明建设工作的意见。依据该意见，构建了相应的指标体系，但是其覆盖面主要为水资源保护。

2013 年 8 月，林业局发布了《推进生态文明建设规划纲要（2013—2020年）》，并建立了林业生态文明建设指标体系，其中生态安全指标 14 项、生态经济指标 3 项、生态文化指标 5 项。推动林业生态发展、湿地生态保护以及修复。

国家发展和改革委员会、统计局、环境保护部、水利部等多部门联合制定的《中国资源环境统计指示体系》，侧重于强调资源与环境的耗费强度。其中，资源类指标 44 个，环境类指标 26 个、生态类指标 18 个、应对气候变化类指标 5 个。

2.2.2.2　国内学者对生态文明指标体系的探讨

国内机构与学者对生态文明指标体系的研究受到可持续发展指标体系的影响较为明显。中国科学院提出的"总体层—系统层—状态层—变量层—要素层"五个层次组成指标体系具有比较大的影响力，该指标体系拥有 45 个指数，具有 219 个指标，该体系融合国外经典可持续发展评价指标体系的特征，结构比较复杂，覆盖面比较全，但是实际操作难度大。与此类似的研究还有国家统计局和中国 21 世纪议程管理中心 2004 年设计的以经济、社会、人口、资源环境和科教为框架的可持续发展指标体系，由 196 个描述性指标和 100 个评价性指标构成生态文明建设评价指标体系。

北京大学环境科学中心张世秋（1996）基于"压力—状态—响应"模型，建立了由社会发展、经济、资源与环境、制度四大系统共 169 个指标构成的指标体系。但是这些研究存在一些问题：第一，不同的指标体系对子系统的侧重点各不相同，忽略了各子系统协调发展的重要性；第二，指标体系过于庞大，指标数量太多，缺乏可操作性；第三，没有考虑到地域特征，试图建立一套适应不同区域范围，不同发展程度的通用指标体系。

杨开忠（2009）在《中国经济周刊》上发布了中国各省区市生态文明排名，认为生态文明水平即生态效率（Eco-efficiency，EEI），即生态资源用于满足人类需要的效率，其本质就是以更少的生态成本获得更大的经济产出。生态文明水平的测度用公式表示为：EEI=GDP/地区生态足迹。这种方法把 GDP 与生态足迹比较，有点唯 GDP 之嫌。

中国现代化战略研究课题组和中国科学院中国现代化研究中心在《中国现代化报告 2007——生态现代化研究》中提出了一套包括生态进步、经济生态化和社会生态化三个指数的生态现代化指数，每个指数包括 10 个具体评价指标，共 30 个具体评价指标，涉及 12 个政策领域，并且参照高收入国家（或 21 个发达国家）最新年平均值，确定了各项指标的基准值。其中生态进步所包含的指标为人均 CO_2 排放、人均 SO_2 排放、人均 NO_2 排放、工业淡水污染、生活污水处理率、城市废物处理率、自然资源损耗、生物多样性损耗、森林覆盖率、国家保护区比例；经济生态化所包含的指标分别为农业与化肥脱钩、有机农业比例、工业与污染脱钩、工业能源密度、绿色生态旅游、物质经济效率、物质经济比例、循环经济（玻璃）、经济与能源脱钩、经济与"三废"脱钩；社会生态化所包含的指标分别为安全饮水比例、卫生设施比例、城市空气污染、能源使用效率、可再生资源比例、交通空气污染、长寿人口比例、服务收入比、服务消费比例、环境风险。

　　浙江省统计局（2013）构建了一套生态文明综合评价指标体系，由生态效率指数、生态行为指数、生态协调指数和生态保护指数四个子系统合成一个生态文明总指数。其中生态效率指数主要反映生态资源满足人类需要的效率，包括人均生产总值、社会文明进步有机结合的一个整体。他们把整个生态文明指标体系分为目标层（总体层）、系统层、状态层、变量层和要素层五个层级。总体层代表生态文明建设的总体效果；系统层将生态文明建设这一新型的复合生态系统划分为资源节约子系统、环境友好子系统、生态安全子系统和社会保障子系统四个部分；状态层代表系统行为的内在要求，用可持续发展度来表示资源节约系统状况，用环境状况来表示环境友好系统状况，用生态平衡来表示生态安全系统状况，用文明程度来表示社会保障系统状况；变量层是从本质上反映状态变化的原因和动力，在资源节约系统中采用节约能源、节约用水、节约土地、综合利用、绿色消费表示，在环境友好系统中采用环境质量、污染控制、环境建设和环境管理来表示，生态安全系统中采用生态保育和生态预警来表示，在社会保障系统中采用国民素质、经济保障、科技支撑、公共卫生和公众参与来表示；要素层则用可得、可比的指标对变量层进行直接的度量。整个生态文明指标体系共 32 项指标，其中 22 项使用的是有关部门发布的指标，有 10 项是新创的指标，包括工业污染控制指数、为民办实事环境友好项目比例、环境管理能力标准化建设达标率、健全完善生态预警机制、生态知识普及率、人均绿色 GDP 等。该指标体系覆盖比较全面，但操作起来存在一定难度。

　　蒋小平（2008）以河南省为例，用"生态文明度"来反映特定时间范围内某一区域生态文明水平和发展能力，利用定基发展速度、加权平均数和环比增长速度等计算方法来建立生态文明评价指标系。他将生态文明分解为自然生态环境、经济发展、社会进步三个目标层，每一目标层又分为若干指标，其中自然生态环境指标包括森林覆盖率、城市人均公共绿地面积、自然保护区面积占辖区面积比例、水土流失土地治理率、工业废水达标率、万元 GDP 二氧化硫排放量、主要河流三类以上水质达标率、工业固体废物综合利用率、城市垃圾无害化处理率、单位种植面积用化肥量、单位种植面积用农药量等 11 项指标，经济发展指标包括人均国内生产总值、农民年人均纯收入、城镇居民年人均可支配收入、第三产业占 GDP 比重、万元 GDP 能源消耗量（标煤）、污染治理投资占 GDP 比重等 6 项指标，社会进步指标包括人口自然增长率、城市化水平、每万人中拥有大学生人数等 3 项指标，一共 20 个单项评价指标。该指标体系比较关注生态环境的重要性。

北京林业大学 ECCI 课题组（2009）建立包括社会发展、生态活力和环境质量等 20 项指标的省级生态文明建设评价体系。通过"总指标、考察领域和具体指标" 51 个层次框架体系，通过量化评价我国各个地区生态文明建设的进展。

张欢等（2013）基于生态系统视角，引入"压力—状态—响应"（PSR）模型，构建了包括生态系统压力、生态系统健康状态和生态环境管理水平的 3 个子系统，27 个指标的省域生态文明评价指标体系。运用主成分分析法对我国 30 个样本省份 2012 年生态文明建设状态及生态文明协调度进行了实证评价。在 30 个样本中，2012 年我国生态文明建设状况前 5 位的省市有北京、福建、重庆、江苏和浙江。

田智宇等（2013）结合我国国情和发展阶段特征，提出从经济发展、资源利用、生态环境、社会进步及制度建设 5 方面，构建我国生态文明建设评价指标体系。

朱松丽等（2010）提出从生态环境、生态经济、生态文化和制度角度，构建包含 40 项具体指标的生态文明评价指标体系。

侯鹰等（2012）通过专家咨询法，结合区域现状，建立了北京市的生态文明建设水平评价指标体系，指标体系包含生态环境、生态经济、生态行为、生态安全、生态文化和生态社会六个方面。对北京市的生态文明建设水平进行了评价，并分析了其时间动态趋势。结果表明，北京市生态文明建设水平在 2004—2008 年呈稳步上升的趋势，其中生态环境、生态经济和生态安全的水平提高显著，而生态行为、生态文化和生态社会水平出现不同程度的起伏。

蓝庆新等（2013）基于层次分析法原理，构建包括生态经济、生态环境、生态文化和生态制度 4 个准则层，30 项具体指标层的城市生态文明建设评价指标体系。在该指标体系基础上，运用指标综合评价方法，对 2011 年北京市、上海市、广州市、深圳市的生态文明建设水平进行了横向比较。结果显示：在 4 个一线城市中，深圳市的生态文明建设水平最高，北京市应在生态经济方面，上海市应在生态经济和生态环境方面，广州市应在生态文化和生态制度方面加大建设力度。

何天祥等（2012）借鉴"压力—状态—响应"（PSR）概念模型，提出从城市生态文明状态、压力、整治和支撑四个方面构建系统的评价指标体系，并运用熵值法进行评价，丰富和完善了现有评价体系。他们提出从压力、状态、整治和支撑 4 个方面设计具体评价指标。第 1 层次为城市生态文明评价系统，第 2 层次分为生态文明压力、状态、整治和支撑四个目标层。每个目标下设的两个准则层即第 3 层次。第 4 层次为具体评价指标，共选择 30 个指标进行综合评价。

针对上述存在的问题，国内众多学者对生态文明评价指标体系进行简化，兼顾全面性与可操作性。国内主要是从三个层面来建立指标体系，主要评价方法为单一指标法和多项指标法，其中以多项指标法为主要构建方法，构建思路大同小异。目前国内部分比较具有代表性的生态文明评价指标体系见表 2-1。

表 2-1　部分国内比较具有代表性的生态文明建设评价指标体系

评价层面	文献来源	构建思路	主要内容	研究特色	总体评价
国家层面	关琬珠等（2007）	目标层、状态层、变量层、要素层	包括资源节约、环境友好、生态安全和社会保障 4 个领域共 32 个指标	建立工业污染指数，并加入了非政府组织参与环境保护人次等多项创新指标	该指标体系分层较为详细合理，在人文指标方面有所偏重

评价层面	文献来源	构建思路	主要内容	研究特色	总体评价
国家层面	王文清（2011）	总体层、系统层、目标层、指标层	包含资源节约、环境友好、生态经济、社会和谐、生态保障五个系统，包括了20个指标	在指标研究中加入了绿色制造相关创新性指标，生态安全方面也引入了生态预警机制、绿色GDP执行率、政府绿色采购比等创新性指标	该指标体系在各系统层都具有特定针对，部分指标数据难以获取，未考虑文化方面指标
	杜宇等（2009）	总体层、系统层、指标层	包含资源节约、环境友好，经济又好又快的发展，社会和谐有序，绿色政治制度，生态文化的发展及普及5个系统，共计34个指标	环境质量指数、卫生服务总费用占GDP的比重、环境影响评价制度执行率、环境指标纳入党政领导干部政绩考核等为创新性指标	指标构建较为全面，但是部分指标数据难以获取，且主观性太强
	田智宇等（2013）	主题层、指标层	包含经济发展、资源利用、生态环境、社会进步、制度建设等五个方面，共包括了34项指标	农业灌溉用水有效利用系数、水资源管理"三条红线"执行率、环境功能区达标率（气、水、土壤、海域）等创新性指标	指标体系构建较为完整，缺乏文化方面指标，部分指标难以量化分析
	朱成全等（2009）	四维度法	用水环境、大气环境、土壤环境、其他环境来衡量生态发展指数，并进行实证研究	层次分析法确定指标权重	指标侧重于生态环境，影响生态文明的全面性
省级层面	杨开忠（2009）	单一指标法	利用生态足迹法来评价地区生态文明发展水平，认为能源消耗是影响生态的主要因素	将GDP与生态足迹相结合，使计算方便，操作简单	是一个简单的综合评价方法
	蒋小平（2008）	目标层、系统层、指标层	包含生态环境保护、经济发展、社会进步三个系统，共20个指标	采用平均权重法定各指标权重，研究对象为文明发展斜率变化率及生态文明指标变化趋势	生态环境与经济发展指标偏多，社会进步指标偏少

评价层面	文献来源	构建思路	主要内容	研究特色	总体评价
省级层面	张欢等（2013）	目标层—准则层—指标层	包含资源条件优越、生态环境健康、经济效率较高、社会稳步发展四个方面，建立了 3 个层次、4 个准则层、20 个评价指标	创建了单位社会固定资产投资拉动 GDP 增长系数创新指标，比较分析了湖北省 13 个地区生态文明发展水平	只分析了湖北省 2010 年的状况，指标分布比较均衡，也比较全面
	刘伟杰等（2013）	目标层—准则层—指标层	包含思想教化、生态文化、生态经济、生态环境、生态社会五个方面共 25 个指标	采用层次分析法确定权重，引入了思想教化相关创新指标，思想教化方面指标数据主要来源问卷调查	在准则层分布较为详细，具体指标设置相对简单，部分指标数据难以获取，引入了思想教化方面指标
	浙江省统计局（2013）	总指标、考察领域、具体指标	包括了生态经济、生态环境、生态文化、生态制度四个领域共计 37 个指标	包含规划环评执行率、新建绿色建筑比率、土地集约利用率等创新性指标；利用德尔菲法确定指标权重；评价 2011 年浙江省生态文明建设水平	指标构建较为完整，在生态文化方面缺乏教育的指标，对于社会的关注度较小
	杨雪伟（2010）	总指标、考察领域、具体指标	包括生态经济、生态环境、生态保护、生态文化四个方面共 28 项指标	提出目标值法和基期法两种权属确定方法	指标设置比较合理，没有对湖州进行评价
地区层面	侯鹰等（2012）	总指标、考察领域、具体指标	包括生态环境、生态经济、生态行为、生态安全、生态文化和生态社会六个方面共计 25 个指标	运用层次分析确定指标的权重，加入了空气良好天数达标率创新指标	相对比较简单的指标体系，部分指标具有很好的借鉴价值

评价层面	文献来源	构建思路	主要内容	研究特色	总体评价
地区层面	刘薇（2014）	总指标、考察领域、二级指标、三级指标	包含生态经济、生态环境、生态文化、生态制度4个领域，共计32个指标	采用德尔菲法与熵值法确定指标权重，引入了压力指数EEPI，与生态文明指标结合分析	指标设置较为合理，部分指标主观因素较强，部分指标不具有普适性
	蓝庆新等（2013）	目标层、准则层、指标层	包含生态经济、生态环境、生态文化、生态制度4个领域30个指标，考察了北、上、广、深4个地区	层次分析法确定指标权重，生态制度引入了政府无纸化办公率、区域保护制度等6项新创指标	以生态环境方面指标为主，生态制度方面部分指标数据来源于主观赋值
	何天祥等（2012）	压力—状态—响应（PSR）	包括生态文明压力、状态、整治、支撑4个目标层30个指以长沙作为案例进行了实证检验	运用墒值法进行赋权、突出伦理文化与经济实力对生态文明的支撑作用	该指标体系可行性较好，但产业结构压力指标选取科学性有待加强
	刘宇鹏等（2010）	主题—指标	从经济发展指数、生活改善指数、村风文明指数、村容整洁指数、管理民主指数五个方面，建立了26项指标	以10位专家的主观赋权为基础，进行贝叶斯优化后确定最优的指标权重	关注了一些其他学者没有关注的指标，文化指标有所缺失

资料来源：胡广. 浙江省生态文明建设评价指标体系研究[D]. 杭州：浙江理工大学，2016.

2.2.2.3 地方政府对生态文明建设评价体系的探讨

生态文明提出至今，许多地方政府对生态文明建设评价体系进行了探讨，比较突出的地区有两个：厦门、贵阳。

厦门构建的评价体系包含资源节约、生态安全、环境友好和制度保障四大系统，共计30个指标。该指标体系在指标数量、理论与实践相结合、可操作性以及统计口径等方面有所突破，但是依旧存在一些问题，如该指标体系仅针对城镇，其城镇特征很强，无法适用于更高层次，数据处理方法方面也有一定缺陷。例如，对于各指标采取相同的权重会导致结果失真，使生态文明建设相对较好地区排名反而靠后。

贵阳市建立的指标体系包括生态经济、生态环境、民生改善、基础设施、生态文化、廉洁高效，测评指标有 33 项，该指标体系对民生以及满意度方面也有了较多的关注。该指标体系体现了城市特点和地域特色，也难以推广到省级区域，部分二级指标难以量化，主观性太强，调查方法不一样就会导致结果有差异（胡广，2016）。

综上所述，已有的生态文明评价指标体系研究直接应用到浙江，对浙江省及各地区生态文明水平和绩效进行考量还不太妥当。另外，国家层面的生态文明指标比较全面、覆盖面广，但没有针对浙江经济发展、环境保护的特色，而且指标大多比较全，数据获取存在一定难度；一些部委或者区域建立和发布的生态文明指标体系的针对性又太强，如城市生态文明指标体系、农村生态文明指标体系等，也无法直接借鉴和套用来评价和测量浙江省生态文明建设水平和绩效。因此，在对生态文明指标体系文献研究、梳理基础上，构建具有浙江特色的生态文明指标体系非常迫切。

2.3 生态文明的影响因素

综观各种生态文明理论，其核心主要集中在人、自然和社会三者如何实现和谐共生、良性循环、全面发展和持续繁荣等方面[①]。在生态文明体系的构建和生态文明建设的实践过程中，也必须要考虑政策层面、社会经济层面和科学技术层面的协调与可持续。

2.3.1 政策层面影响因素

政策性因素作为区域生态文明建设的动力机制之一，是通过政府制定和实施区域生态环境战略，以及由生态环境战略导致的政策、资金、市场和技术趋向来实现的。政府作为政策性因素的主导者，其主要作用在于构建符合生态发展规律的行政管理机制、体制、法治、管理方式和职能（高小平，2007），其实现生态文明建设的途径表现为：从制度和政策上加强引导、国家规划上的生态功能区划，促进环境法规的建立与完善，督促企业经济生产方式的转

---

① 吴远征，张智光. 我国生态文明建设绩效的影响因素分析[J]. 生态经济（学术版），2012（2）：386-390.

变、产业结构调整，在行政审批、环保执法、社会宣传和环境监管等方面综合应用行政、法律、宣传教育和经济手段促进我国经济发展逐步向环境友好、资源节约的"两型社会"方向转变（习尚东，2013）。

（1）主要政策：环境保护政策和生物多样性保护政策。环境保护政策对生态文明的建设意义重大（王树义，2014），它以法律法规的形式干预和指导人类的行为和生活方式，从而保障生态的自我修复。我国政府在这方面做出了巨大努力，颁布了如《中华人民共和国环境保护法》《中华人民共和国循环经济促进法》《中华人民共和国环境影响评价法》《中华人民共和国城乡规划法》《中华人民共和国企业所得税法》《全国污染源普查条例》等诸多法律。各级政府也在此基础上进行了补充与完善，颁布了一系列法律法规。

生物多样性是指一定范围内多种多样活的有机体有规律地结合所构成的稳定的生态综合体（万锋锋，2000）。生态文明作为人类文明的重要组成部分，其建设的顺利开展需要生物多样性建设的支撑。然而我国生物多样性保护还存在很多问题，政府层面对于生物多样性进行保护的法律和政策体系有待进一步完善，生物多样性的监测和预警体系仍然没有建立，资金投入不足直接导致了管护水平的落后和基础科研能力的落后，特别是面对生物多样性保护方面呈现的新问题，如外来物种侵害、生态恢复等应对能力不足（吴远征，2012）。

（2）政策的完善性和政府的执行能力。生态文明建设是一个长期、复杂的过程，需要政策的完善性作为进一步的保障。现阶段我国生态文明制度建设的开展还远远满足不了人们对于生态文明建设的要求，主要表现在以下两个方面：一方面，执法主体过多且各自为政，林业、农业、水利等各主管部门只管自己的部分，没有形成一个统一的整体（张立东，2013）；另一方面，由于资金短缺、成本风险大或自治制度不健全等原因，民间环保组织没有充分发挥引导公民树立生态保护意识的作用，各组织单打独斗的现状也造成了人们面对生态环境问题时环境维权意识淡薄和维权行为困难（马国栋，2006）。

同时，在保证政策完善性的情况下，政府的执行和落实能力也对生态文明的建设产生影响（吴远征等，2012）。生态立法的目的在于使生态文明建设工作具有明确、可遵循的法律规范，保障生态文明建设工作的贯彻实施，促进我国生态文明的发展。而实际执行过程中能否真正做到有法必依、执法必严、违法必究则是生态文明建设的重要保障。

2.3.2　经济层面性影响因素

经济发展是实现现代化的物质基础，实现经济又好又快地发展对于推行生态文明建设具有重要意义。可以说，推动社会经济发展是生态文明建设的关键（张高丽，2013）。生态经济是在生态文明理念指导下，在生态系统承载能力范围内，为基本满足人类的物质需要为目的，运用生态经济学原理和系统工程方法，改变传统的生产和生活方式，发展高效生态产业，将环境保护、能源和资源的合理利用、经济社会发展与生态的修复有机结合起来，力争实现生态效益、社会效益、经济效益的高度统一和可持续发展[①]。

（1）经济发展方式。经济增长方式、经济结构和产业结构等构成了经济发展方式的主要内容，要实现经济发展方式的转变，调整经济增长方式仅是其一，更重要的是要解决人与经济、社会、资源、环境和文化等因素之间的要协调发展（吴远征等，2012）。然而，现阶段我国经济发展方式还存在许多问题：一是多年来快速工业化的弊端逐渐显现，质量差、效率低、高投入、高能耗、不平衡、不协调、不可持续的传统粗放的经济增长方式对环境的破坏非常严重（谷树忠等，2013），这种经济增长方式是不健康的，无法长远、可持续地发展；二是我国产业结构调整面临着加速工业化和保护生态环境的两难选择，产业结构发展的不平衡进一步阻碍了资源的合理配置，加重了资源浪费情况（赵西三，2010）。

（2）产业链延伸程度。产业链延伸是对在技术经济等方面具有相关关联的产业各部门进行增加和扩展，从纵向上看，可以向上延伸至产业环节和技术研发环节，向下游延伸至市场拓展环节（金贤锋等，2010）。生态产业链延伸对促进生态文明建设意义重大，要充分发挥生态建设的引导和带动作用，只有这样才能实现生态保护和经济效益的互利双赢，使生态建设逐步走上良性循环的道路。而产业链的延伸与大型企业的发展和政府的扶持有很大关联，

---

① 陈关升. 生态经济[EB/OL]. 中国城市低碳经济网，（2012-11-14）. http://www.cusdn.org.cn/news_detail.php? id=228177.

因此，通过建设生态龙头企业，进行产业链的整合，建立起生态产业上下游产业的协调发展，才能真正体现出生态建设的优势[①]。

2.3.3　社会科技层面性影响因素

传统技术创新主要以追求经济效益、利润最大化为目标，其价值观念在于服务传统的经济发展观。新中国成立以来的很长一段时间内，单纯的经济增长被列为社会发展的基本目标，经济增长等同于经济发展。然而，现在人们已经认识到传统的技术创新在带来经济快速增长的同时，也带来了一系列其自身无法解决的问题，如生态危机和人的"非人化"等问题（周秀英等，2013）。生态技术创新是以生态效益和经济效益为目标，在生态效益实现的基础上追求高的经济效益，适应了新的发展环境和目前全球经济的发展趋势，因而越来越受到重视（张志勇等，2006）。客观地说，社会科技进步在一定程度上会对生态环境造成破坏，但同时也可以促进生态文明建设。

也正因为科技进步对生态环境有一定破坏作用，生态科技建设中的生态主要指向生态环境系统建设。人类对环境系统的影响主要包括大气、水、噪声和固体废物等四个方面。以大气污染为例，反映大气污染程度的主要包括降水酸度、大气中主要污染物的排放、总悬浮颗粒物（TSP）以及全年空气污染指数（API）优良天数。其中，降水酸度主要针对酸雨的预防指标，大气中污染物排放强度以及 TSP 反映的是工业对大气所排放的污染物及粉尘对人体危害的程度。全年优良天数主要集中反映在大气环境优良程度的综合表现。人类对空气的依赖度是不言而喻的，随着地球臭氧空洞的不断发展，地球空气环境也在不断恶化。全球气候变化将促成全球对大气环境越来越关注。生态环境的定位，就是考察各项技术是否达到区域内正常值水平之下，如果是，就是有利、可行的[②]。

---

① 张珺. 龙头引领打造特色生态产业链[N]. 重庆日报，2016-01-20（003）.

② 习尚东. 我国特大城市生态文明评价指标体系研究——以广州市为例[D]. 武汉：中国地质大学，2013：51.

2.4　生态文明的绩效作用

党的十八大报告首次创新性地提出了建设"美丽中国"的国家发展战略，不断强化生态文明建设与政治建设、经济建设、社会建设之间的互动性推进作用，意味着生态文明建设已经成为国家发展战略的重要组成部分。生态文明建设或贯穿于政治建设、经济建设、社会建设的全过程，或渗透于政治建设、经济建设、社会建设的各阶段，总之对这三者均产生了一定作用。

2.4.1　政治层面：有利于推动政治文明建设

生态文明与政治建设，两者互为因果、相互促进。可以说。政治建设是生态文明建设推进的重要保证。面对当今世界不断恶化的生态环境危机，学者雷涛（2014）认为，什么样的系统结构就有什么样的生产和生活方式，也将产生什么样的生态文明理念。生态文明建设和政治建设的重点都是协调处理好人与人、人与生态环境之间的关系，因此，政治建设是生态文明建设不可忽视的重要内容之一，同时生态文明建设也对政治建设水平有直接影响。

目前，推进生态文明建设的政治壁垒主要表现在：首先，各级地方政府绩效考核机制、指标片面强调 GDP 的增长；其次，因为生态环境公共利益的破坏，广大人民群众不能享有或实现其基本的生存权利。生态文明理念指导下的政治建设就是要积极构建中央和地方政府监管机制、市场竞争机制和公众参与机制三者间的互动平衡关系（刘舒阳，2015）。

2.4.2　经济层面：有利于区域经济发展

生态文明建设与经济建设在现实层面上的关系是生态环境保护与经济、社会发展之间的辩证统一。一方面，两者之间有一定程度的对立关系。人类生存和发展必然带来环境污染和生态破坏，积累到一定程度就会爆发生态危机。为了保护生态环境，在一定时期必然要或多或少地限制经济发展。另一方面，两者从目的角度分析又是相一致的。保护生态环境的根本目的就是促进经济、社会又好又快发展。社会主义建设新时期，我国正面临着两个突出的矛盾：一是经济发展和有限的能源、相对较低的资源利用率之间的矛盾冲突；二是经济发展和低利用率的生态环境容量之间的矛盾冲突。生态文明理念指导下的社会主义建设，将致力于坚决摒弃西方工业社会的传统发展模式，大力推进产业结构调整，积极推广可循环、低碳的发展模式，做到既使经济又好又快发展，又使生态文明建设实现螺旋式上升的、质的飞跃（刘舒阳，2015）。

2.4.3　社会层面：有利于实现和谐社会

党的十六届六中全会通过的《中共中央关于构建社会主义和谐社会若干重大问题的决议》，正式提出社会主义和谐社会的理念。和谐社会应该是人、社会、自然三者的统一。而生态文明是相对于政治文明、物质文明、精神文明而言的，是人类探索处理人与自然关系的文明程度。我国的社会发展结构理论已将生态文明作为社会结构理论的重要组成部分。生态文明与其他文明建设息息相关。据此，要想构建和谐社会，就必须解决好人与自然、人与社会、人与人之间的矛盾，实现人与自然、人与社会、人与人的和谐发展，因此，正视并认清严峻的生态国情，积极处理好人与自然的关系，实践和谐的自然观，大力加强生态文明的建设，是人类社会文明的根本发展趋势，也是我国构建和谐社会的必然要求和基本条件（董焕景，2013）。

另外，社会建设和生态文明建设是相互依存、相互促进的关系。当前，社会建设过程中的核心问题是保障民生，而保障民生的实质内涵当中，生态环境保护是一项最基本的要求。同样地，生态文明建设恰恰是以改善和提高人民群众的生活质量为最终目标的。因此，高水平的生态文明建设能够保障人民群众生态环境权益的较好实现（刘舒阳，2015）。

2.5　小　结

通过文献梳理可知，生态文明是以自然为核心、以人、自然和社会间的和谐共生关系为基础而形成的高阶段文明，具有生态性、和谐性、系统性、自控性以及进化性等特征。目前，国外学术界普遍认可的生态文明评价指标体系有可持续发展指标体系、生态足迹、环境可持续指数等，我国政府和学者在此基础上立足于我国实际对生态文明进行测量。研究和实践发现，生态文明的影响因素在政策层面上包括环保政策、生物多样性保护政策及其完善性，以及政府的执行能力，在经济层面上包括经济发展方式和产业链延伸程度，同时社会科技也对生态文明产生影响。生态文明建设对政治、经济、社会的发展都具有重要意义。

参考文献

[1]　北京林业大学生态文明研究中心 ECCI 课题组. 中国省级生态文明建设评价报告[J]. 中国行政管理，2009（11）：13-18.

[2]　陈炎. 文明与文化[M]. 青岛：山东大学出版社，2006.

[3]　董焕景. 和谐社会视域下的生态文明研究[D]. 新乡：河南师范大学，2013.

[4]　杜宇，刘俊昌. 生态文明建设评价指标体系研究[J]. 科学管理研究，2009，6（3）：60-63.

[5]　弗洛伊德. 日常生活的心理奥秘[M]. 兰州：甘肃人民出版社，1986.

[6]　福泽谕吉. 文明论概略[M]. 北京编译社，译，北京：商务印书馆，1959.

[7]　高小平. 生态安全与突发生态公共事件应急管理[J]. 甘肃行政学院学报，2007（1）：1-4.

[8]　葛悦华. 关于生态文明及生态文明建设研究综述[J]. 理论与现代化，2008（4）：122-126.

[9]　谷树忠，胡咏君，周洪. 生态文明建设的科学内涵与基本路径[J]. 资源科学，2013（1）：2-13.

[10]　谷树忠，胡咏君，周洪. 生态文明建设的科学内涵与基本路径[J]. 资源科学，2013，35（1）：2-13.

[11]　关琰珠，郑建华，庄世坚. 生态文明指标体系研究[J]. 中国发展，2007（6）：21-27.

[12]　国家环境保护总局. 全国生态现状调查与评估（综合卷）[M]. 北京：中国环境科学出版社，2005.

[13]　何天祥，廖杰，魏晓. 城市生态文明综合评价指标体系的构建[J]. 经济地理，2011，

31（11）：1897-1900.

[14] 侯鹰，李波，郝利霞，等. 北京市生态文明建设评价研究[J]. 生态经济：学术版，2012（1）：436-440.

[15] 胡广. 浙江省生态文明建设评价指标体系研究[D]. 杭州：浙江理工大学，2016.

[16] 胡锦涛. 坚定不移沿着中国特色社会主义道路前进　为全面建成小康社会而奋斗——在中国共产党第十八次全国代表大会上的报告[M]. 北京：人民出版社，2012.

[17] 蒋小平. 河南省生态文明评价指标体系的构建研究[J]. 河南农业大学学报，2008，42（1）：61-64.

[18] 金贤锋，董锁成，刘薇，等. 产业链延伸与资源型城市演化研究——以安徽省铜陵市为例[J]. 经济地理，2010（3）：403-408.

[19] 蓝庆新，彭一然，冯科. 城市生态文明建设评价指标体系构建及评价方法研究[J]. 财经问题研究，2013（9）：98-106.

[20] 雷涛. 论我国生态文明建设的意义及途径[D]. 西安：西安工业大学，2014.

[21] 李校利. 生态文明研究综述[J]. 学术论坛，2013，36（2）：53-55.

[22] 联合国环境与发展委员会. 21世纪议程[M]. 国家环境保护局，译. 北京：中国环境科学出版社，1993.

[23] 刘舒阳. 从生态文明建设的角度试论"中国梦"及其实现途径[C]. 2015年全国环境资源法学研讨会（年会），2015.

[24] 刘薇. 北京市生态文明建设评价指标体系研究[J]. 国土资源科技管理，2014（1）：1-8.

[25] 刘伟杰，曹玉昆. 生态文明建设评价指标体系研究[J]. 林业经济问题，2013，33（4）：325-329.

[26] 刘宇鹏，王军，张国锋. 面向湿地的文明生态村建设评价指标体系构建——以白洋淀村庄为例[J]. 江苏农业科学，2010（6）：596-598.

[27] 马国栋. 中国民间环保组织发展现状及分析[J]. 学会，2006（9）：20-23.

[28] 马克思，恩格斯. 马克思恩格斯全集[M]. 1卷. 北京：人民出版社，1956：666.

[29] 田智宇，杨宏伟，戴彦德. 我国生态文明建设评价指标研究[J]. 中国能源，2013，11（11）：9-12.

[30] 万锋锋. 生物多样性与可持续发展[J]. 广西经济管理干部学院学报，2000（S1）：1-2.

[31] 王丹. 生态文化与国民生态意识塑造研究[D]. 北京：北京交通大学，2014.

[32]　王如松. 生态整合与文明发展[J]. 生态学报, 2013, 33（1）: 1-11.

[33]　王树义. 论生态文明建设与环境司法改革[J]. 中国法学, 2014（3）: 54-71.

[34]　王文清. 生态文明建设评价指标体系研究[J]. 江汉大学学报, 2011, 10（5）: 16-19.

[35]　吴斌, 严耕. 对生态文明建设评价的思考[C]. 第四届中国生态文化高峰论坛论文集, 2011.

[36]　吴明红. 中国省域生态文明发展态势研究[D]. 北京: 北京林业大学, 2012.

[37]　吴远征, 张智光. 我国生态文明建设绩效的影响因素分析[J]. 生态经济（学术版）, 2012（2）: 386-390.

[38]　吴祚来. 生态文明不只是保护自然生态[N]. 广州日报, 2007-10-24.

[39]　习尚东. 我国特大城市生态文明评价指标体系研究——以广州市为例[D]. 武汉: 中国地质大学, 2013: 46, 51.

[40]　阎庆. 中国特色社会主义生态文明建设及其理论基础的探究[D]. 合肥: 中国科技大学, 2015.

[41]　杨开忠. 谁的生态最文明——中国各省区市生态文明大排名[J]. 中国经济周刊, 2009（32）: 8-12.

[42]　杨雪伟. 湖州市生态文明建设评价指标体系探索[J]. 统计科学与实践, 2010（1）: 51-53.

[43]　虞崇胜. 政治文明论[M]. 武汉: 武汉大学出版社, 2003: 45.

[44]　张高丽. 大力推进生态文明努力建设美丽中国[J]. 求是, 2013, 12（24）: 3-11.

[45]　张欢, 成金华, 陈军, 等. 中国省域生态文明建设差异分析[J]. 中国人口·资源与环境, 2014, 24（6）22-29.

[46]　张欢, 成金华. 湖北省生态文明评价指标体系与实证评价[J]. 南京林业大学学报: 人文社会科学版, 2013（3）: 44-53.

[47]　张佳佳. 关于生态文明及其建设问题研究综述[J]. 才智, 2012, 12（1）: 213-214.

[48]　张立东. 我国环境执法主体面临困境及对策研究[D]. 济南: 山东师范大学, 2013.

[49]　张世秋. 可持续发展环境指标体系的初步探讨[J]. 世界环境, 1996（3）: 8-9.

[50]　张首先. 生态文明: 内涵, 结构及基本特性[J]. 山西师大学报（社会科学版）, 2010（1）: 26 -29.

[51]　张志勇, 孙育红. 生态化技术创新机制探析[J]. 经济视角, 2006（8）: 31-32.

[52] 赵晨洋. 生态主义影响下的现代景观设计[D]. 南京：南京林业大学，2005.

[53] 赵林. 告别洪荒——人类文明的演进[M]. 再版. 武汉：武汉大学出版社，2005.

[54] 赵西三. 生态文明视角下我国的产业结构调整[J]. 生态经济，2010（10）：43-47.

[55] 浙江省统计局课题组. 浙江省生态文明建设评价指标体系研究和2011年评价报告[J]. 统计科学与实践，2013（2）：4-8.

[56] 周秀英，穆艳杰. 生态危机的根源与解决路径分析[J]. 东北师大学报，2013（1）：18-22.

[57] 朱成全，蒋北. 基于 HDI 的生态文明指标的理论构建和实证检验[J]. 自然辩证法研究，2009，25（8）：114-118.

[58] 朱松丽，李俊峰. 生态文明评价指标体系研究[J]. 世界环境，2010（1）：72-75.

[59] 邹爱兵. 生态文明研究综述[J]. 哲学动态，1998（11）：6-8.

第 3 章
浙江省生态文明建设实践

本章主要阐述了浙江省生态文明建设的背景、生态文明建设的必要性，介绍了浙江省生态文明从"绿色浙江""生态浙江"到"美丽浙江"的发展历程，介绍了浙江省生态文明建设的主要成绩与经验，浙江省在生态文明建设过程中的主要措施，并提出浙江未来生态文明建设中需要关注的问题。

3.1 浙江省生态文明建设的背景

可持续发展逐渐成为全球的共同行动。随着全球性的人口增长、资源短缺、环境污染和生态恶化，人类经过对传统发展模式的深刻反思，开始探求经济社会发展与人口、资源、环境相协调的可持续发展道路。我国于 1994 年批准实施《中国 21 世纪议程》，是国际上率先采取行动的国家之一。进入 21 世纪，全球可持续发展的共同努力进一步强化。

我国进入全面建设小康社会新阶段。按照党的十六大提出的全面建设小康社会的奋斗目标，努力实现"可持续发展能力不断增强，生态环境得到改善，资源利用效率显著提高，促进人与自然和谐，推动整个社会走上生产发展、生活富裕、生态良好的文明发展道路"，是浙江省全面建设小康社会、提前基本实现现代化的重大任务。[①]

党的十八大报告首次单篇论述生态文明建设，首次把"美丽中国"作为未来生态文明建设的宏伟目标，把生态文明建设放在突出地位，融入经济建

---

① 浙江生态省建设规划纲要（2003）[R].

设、政治建设、文化建设、社会建设各方面和全过程，把生态文明建设摆在"五位一体"总布局的高度来论述，从优化国土空间开发格局、全面促进资源节约、加大自然生态系统和环境保护力度、加强生态文明制度建设等四个方面强调了生态文明建设的重要性。

党的十八大以来，习近平总书记对生态文明和美丽中国建设做了系统思考和精辟论述。他强调，"人民对美好生活的向往，就是我们的奋斗目标"，"走向生态文明新时代，建设美丽中国，是实现中华民族伟大复兴的中国梦的重要内容"，"建设生态文明，关系人民福祉，关乎民族未来"，"良好生态环境是最公平的公共产品，是最普惠的民生福祉"等（省委《决定》起草组，2014）。

浙江省地处东南沿海、长江三角洲南翼。陆域面积 10.18 万 km^2，其中丘陵山地占 70.4%，平原占 23.2%，河流湖泊占 6.4%；海域面积连同专属经济区及大陆架达 26 万 km^2，有 3 000 多个岛屿，面积大于 500 m^2 的海岛有 3 061 个，是全国岛屿最多的省份；海岸线总长 6 400 余 km，排名全国首位，海洋资源丰富。

浙江省属于亚热带季风气候，四季分明，气温适中，光照较多，雨量充沛，雨热季节变化同步。气候资源配置多样，气象灾害比较频繁。浙江省的水资源总量丰富，多年平均水资源总量为 955 亿 m^3，2014 年达到了 1 133.85 亿 m^3，但是由于人口密度较大，人均水资源的拥有量并不高，2014 年的人均水资源占有量仅为 2 059 m^3[①]。空间分布不均匀，80%以上的水资源集中在山区，而经济发达、人口稠密的平原地区却只有不到 20%。降水的季节分配也不均衡，主要分布在梅雨季节，导致河流径流年内分配集中。浙江省水资源的这些特点不利于经济社会的正常发展。

浙江省生态系统多样性丰富，主要包括森林、海洋、湿地等生态系统，生物种类繁多。全省共有物种、地质遗迹、生态系统等保护类型的国家和省级自然保护区 16 个，县级自然保护区 14 个，面积约占国土面积的 1.3%，各级森林公园 72 个、地质公园 3 个，在生物多样性保护和生态功能的发挥等方面起到了重要的作用（刘亚军，2007）。

---

① 浙江省国民经济和社会发展统计公报[EB/OL]. http: //www.zj.stats.gov.cn/tjgb/gmjjshfzgb/.

《全省生态环境状况评价结果（2013 年度)》显示，浙江省生态环境质量为"优"。受生态系统类型、主要生态过程及人类活动等因素的影响，全省生态环境质量空间分布特征明显。浙西南和浙西北区域森林覆盖率高、植被类型丰富，人类活动干扰少，污染物排放强度低，生态环境状况指数较高，生态环境质量明显优于东北部。浙中和浙东南区域介于两者之间，生态环境质量居中。[①]

改革开放以来，浙江经济高速发展，从资源相对贫乏的省份发展为经济大省。浙江的环境容量相对较小，生态环境的承载力十分有限。随着工业化、城镇化的快速推进，资源环境与经济社会发展的矛盾日益突出，如经济发展过度依附低端产业、资源消耗过大、产业结构失衡、依赖资源消耗牺牲环境、创新力不足和经济的可持续性比较弱等问题。

浙江省产业结构总体层次偏低，产业调整进展缓慢，三大产业的总体发展趋势：第一产业比重持续降低，第二产业比重大，第三产业比重提高慢，产业结构呈"二三一"。2013 年，浙江 R&D 经费投入增速低于全国平均水平（15%）1.9 个百分点；R&D 经费投入强度仅比全国平均水平高出 0.1 个百分点，与北京（6.08%）、上海（3.6%）、天津（2.98%）、江苏（2.51%）、广东（2.32%）等省市相比存在较大差距，也明显低于发达国家和新兴工业化国家。例如，2011 年 R&D 经费投入强度：美国 2.77%、日本 3.39%、法国 2.25%、德国 2.88%、韩国 4.03%[②]。

同时，浙江处于一个新的发展阶段，人民群众对环境质量要求越来越高，因此，破解发展难题、转变发展方式，实现永续发展，必须加快推进生态文明建设。走生态文明之路，成为摆在各级党委、政府面前的一个重大而现实的课题。

早在 2002 年 12 月，习近平同志就在省委十一届二次全会上明确提出：要积极实施可持续发展战略，以建设"绿色浙江"为目标，以建设生态省为主要载体，努力保持人口、资源、环境与经济社会的协调发展。2003 年 1 月，

---

① 浙江省环保厅. 全省生态环境状况评价结果（2013 年度）[EB/OL]. http://www.zjepb.gov.cn/root14/xxgk/zrsc/sthjzkzs/201502/t20150205_321035.html.

② 浙江省 R&D 投入现状分析[EB/OL]. 浙江统计信息网（2014-08-13）.

国家环保总局正式批复浙江为继海南、吉林、黑龙江、福建之后的全国第 5 个生态省建设试点省份后，省政府适时提出要大力探索并建设"生态省"，并印发了《浙江生态省建设规划纲要》的通知，从文化、经济、生态和体制四方面提出坚持生态省建设方略，走生态立省之路。生态文明建设作为全面建成小康社会的一项重要指标，是浙江省贯彻落实科学发展观、建设美丽浙江不可或缺的一环。

3.2 浙江省生态文明建设的必要性

浙江省作为东部地区起步较早的省份，最初是依赖钢铁（冶炼）、电力、造纸业、纺织等高能耗、高污染行业发展起来的。浙江的资源能源保有量并不高，这些行业所需的资源且大多为不可再生资源，若仍然依靠这些高能耗行业带动经济，不仅会对环境造成严重的破坏，还会导致产业结构不协调，进而影响经济发展。从近十年的数据来看，第二产业在 GDP 中所占的比重整体呈现下降趋势，但仍然一直保持最高，一直到 2013 年第三产业所占比重才与第二产业相当，见图 3-1。只有促进经济结构转型，推动产业升级，发展绿色经济，才能使浙江省的经济永葆活力。

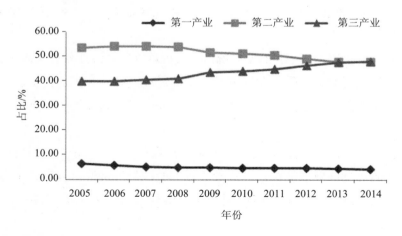

资料来源：浙江省统计局. 浙江统计年鉴[M]. 北京：中国统计出版社，2015.

图 3-1　2005—2014 年浙江省三大产业所占比重趋势图

　　严耕等（2013）运用改进的中国省域生态文明建设评价指标体系（ECCI 2013），从生态活力、环境质量、社会发展和协调程度四个维度计算出各省份生态文明指数和绿色生态文明指数。其中浙江省的生态文明指数为 85.89，排名第 4，而绿色生态文明指数却只有 63.34，排在第 12 位。在环境质量方面更是被列为最差一个等级，他将浙江省的这种类型归结为社会发达型，这种类型的特点是：社会发展水平全国领先，协调发展程度也较高；但经济社会的快速发展也给生态环境带来较大压力，导致环境质量相对较差，生态活力也仅居中游水平。吴明红（2012）也指出，浙江省生态环境脆弱、资源能源相对较少，由于经济社会发展过多地依赖低端产业，对资源环境的消耗较大，污染物排放量较高，导致资源短缺与环境恶化成为制约其经济社会持续发展的瓶颈。魏晓双（2013）从生态质量、经济和谐和社会发展三个维度，利用 2009 年的数据进行综合省域生态文明建设的评价。结果显示，浙江省生态文明指数为 0.705，在所研究的 31 个省区市中排名第六位，但是生态质量和经济和谐领域的指标评价结果相对较差，其中环境空气质量指标值为 0.896，最大值为 1，大于 0.9 的省份有 12 个，浙江省在这一指标上的得分相对靠后，制约了其生态文明整体的发展水平。

　　能耗高、环境质量等问题已经成为亟待解决的重点问题，为了经济的持续健康发展，必须采取转型升级、保护生态环境等措施，生态文明的建设就成了迫在眉睫的任务。

3.3　浙江省生态文明建设的发展历程

　　从 2003 年浙江省启动"生态省"建设战略开始，浙江省启动生态文明建设的历史篇章，2010 年浙江省委出台《关于推进生态文明建设的决定》；2012 年浙江省党代会将"坚持生态立省方略，加快建设生态浙江"作为建设物质富裕、精神富有、现代化浙江的重要任务，提出打造"富饶秀美、和谐安康"的"生态浙江"；2013 年，省委、省政府号召全面推进"美丽浙江"建设，与"美丽中国"相呼应，省委十三届五次全会通过《中共浙江省委关于建设美丽浙江创造美好生活的决定》。在整个生态文明建设过程中，浙江省各级党委、政府的发展理念从"用绿水青山换金山银山"到"既要金山银山也要绿水青山",再到"绿水青山本身就是金山银山"(吴妙丽,2013)。

浙江省的生态发展历程从大的方面来讲主要是"绿色浙江—生态浙江—美丽浙江",从政府治理的角度来看,浙江省生态文明建设发展也主要经历了这三个阶段。

3.3.1 "绿色浙江"

2002 年 6 月,浙江省第十一次党代会首次提出建设"绿色浙江"的目标任务。2002 年 12 月,省委十一届二次全会进一步明确,要以建设"绿色浙江"为目标,以生态省建设为载体和突破口,走生产发展、生活富裕、生态良好的文明发展道路。推进生态建设,打造"绿色浙江",已成为浙江省加快全面建设小康社会、提前基本实现现代化的重要内容。

当月,习近平主持召开了省政府首次生态省建设工作协调会,确定由省政府向国家环保总局正式申报,要求将浙江列为国家生态省建设试点省份。2003 年,省委、省政府做出建设生态省的战略决策。同年 3 月,国家环保总局组织的论证会通过的《浙江生态省建设总体规划纲要》,为全面启动生态省建设提供了依据,也标志着浙江省已成为全国第五个生态省建设试点省份。5月,省委、省政府成立"浙江生态省建设工作领导小组",习近平亲自担任组长。当月,他主持召开省委常委会议,讨论并原则通过《浙江生态省建设规划纲要》。6 月,省人大常委会通过《关于生态省建设的决定》。7 月,习近平在省委十一届四次全会报告中,明确提出要进一步发挥"八个优势"、推进"八项举措",其中一个重要方面就是,进一步发挥浙江的生态优势,创建生态省,打造"绿色浙江"。当月,省委、省政府举行"全省生态省建设动员大会",习近平在会上做了题为《全面启动生态省建设,努力打造"绿色浙江"》的动员讲话。8 月,指导全省生态省建设的纲领性文件——《浙江生态省建设规划纲要》正式下发。浙江生态省建设由此拉开大幕。在习近平的重视、关心和指导下,安吉于 2006 年 6 月创建了全国第一个生态县,这也是浙江迄今为止唯一的一个国家生态县。

2007 年 3 月以后,浙江生态省建设进入了一个新的时期。4 月,调任浙江省委书记还不到半个月的赵洪祝以组长的身份，亲自主持了生态省建设领导小组全体会议。此后几年，他每年都亲自主持召开生态省建设领导小组全体会议，总结前一年的生态省建设工作，对当年的生态省建设工作做出部署。2007 年 6 月，在省第十二次党代会上，他代表省委部署了全面建设惠及全省人民的小康社会的各项工作，提出"六个更加"的目标，其中之一就是"环境更加优美"。在 2008 年 4 月召开的省委十二届三次全会上，他提出，要站在建设生态文明的高度，把加强生态建设和环境保护、优化人居环境作为全面改善民生的重要内容（中共浙江省委党史研究室，2010）。

建设"绿色浙江"就是要把"天人合一"的理念作为指导思想，遵循自然生态规律，建设和保护"天蓝、水清、山绿"的自然生态系统，营造生产发展、生活富裕、生态良好的人居环境，实现经济和环境的协调发展（许芬，2006）。推进生态建设，打造"绿色浙江"，是保护和发展生产力的客观需要，有利于加快调整经济结构和优化产业布局，减少环境污染和生态破坏，更好地为生产力的发展增添后劲；推进生态建设，打造"绿色浙江"，是社会文明进步的重要标志，有利于促进人们生产方式、生活方式、消费观念的转变，增强生态保护意识，大力发展生态文化，推进生态文明建设，也有利于建设优美舒适的人居环境，生产安全可靠的绿色产品，实现自然资源的永续利用，从而有效改善人民群众的生活质量（谢西京，2011）。

张鸿铭（2002）指出建设"绿色浙江"的内涵集中在绿色文化、绿色环境、绿色经济三大方面。绿色文化是指人与自然协调发展、和谐共进，能使人类实现可持续发展的文化；绿色环境是"绿色浙江"和符合可持续发展需要的良性生态环境系统的秀美山川的直观体现；绿色经济是一种融合了人类的现代文明、以高新技术为支撑、达到人与自然和谐、能够可持续发展的经济，是市场化和生态化有机结合的经济，也是一种充分体现自然资源价值和生态价值的经济。建设"绿色浙江"绝不仅仅是环保部门的责任，需要全社会的共同参与、共同努力。

3.3.2　"生态浙江"

从 2003 年提出建设生态省，到 2010 年省委做出推进生态文明建设的决定，再到 2012 年省第十三次党代会将"坚持生态立省方略，加快建设生态浙江"作为建设物质富裕、精神富有、现代化浙江的重要任务，做出了打造"富饶秀美、和谐安康"的生态浙江的重大决策。"生态浙江"如一根红线贯穿始终，由虚到实，最终成为现代化建设和生态文明建设的目标追求。

"生态浙江"就是要继续坚持生态省建设方略，走生态立省之路，大力发展生态经济，不断优化生态环境，注重建设生态文化，着力完善体制机制，加快形成节约能源资源和保护生态环境的产业结构、增长方式和消费模式，努力实现经济社会可持续发展，不断提高浙江人民的生活品质，努力把浙江建设成为全国生态文明示范区（钟其，2015）。

"生态浙江"在浙江省生态文明的建设进程中起着承上启下的作用，不仅延续了前期"绿色浙江"建设的步伐，同时也为"美丽浙江"建设的提出提供了先决性条件。

3.3.3 "美丽浙江"

党的十八大报告提出建设美丽中国，承续了"中华民族伟大复兴"的中国梦，描绘了生态文明建设的美好前景。与此紧密联系、高度契合，浙江省委十三届五次全体（扩大）会议审议通过了《中共浙江省委关于建设美丽浙江创造美好生活的决定》，提出到 2020 年争取建成全国生态文明示范区和美丽中国先行区。会议还研究部署建设美丽浙江、创造美好生活的主要目标，即到 2015 年，美丽浙江建设各项基础性工作扎实开展；到 2017 年，美丽浙江建设取得明显进展；到 2020 年，初步形成比较完善的生态文明制度体系，争取建成全国生态文明示范区和美丽中国先行区。在此基础上，再经过较长时间努力，实现"天蓝、水清、山绿、地净"，建成"富饶秀美、和谐安康、人文昌盛、宜业宜居"的美丽浙江。这次会议拉开了全面建设"美丽浙江"的序幕。

从"绿色浙江"到"生态浙江"，已经取得了显著的成就，也积累了丰富的经验，"美丽浙江"继续扩大成就，汲取之前生态文明建设的经验，着力解决尚未解决的问题，使浙江省的生态文明建设进入全新的阶段。"美丽浙江"准确概括了生态文明建设的外在表现，是一种终极的、理想的追求。"美丽浙江"是"美丽中国"的有机组成部分,既体现为生产集约高效、生活宜居适度、生态山清水秀,也体现为百姓生活富足、人文精神彰显、社会和谐稳定,这些都包含在人民对美好生活的向往之中(中共浙江省委党史研究室,2010)。

2013 年浙江省政府工作报告紧跟国家发展战略,提出建设"美丽浙江",规划在今后逐步推进生态文明省的建立。报告指出 2013 年政府工作目标要着力在节能减排、循环经济、新能源和可再生能源、环境保护等方面,大力推进"生态浙江""美丽浙江"的建设,把全省建成一个生态文明先行示范区(李向娜,2013)。

3.4　浙江省生态文明建设的主要成绩与经验

浙江生态文明建设取得了显著成就。据《中国省域生态文明建设评价报告(2011)》,浙江省位居各省份生态文明指数排行榜第 3 名。

3.4.1　实施产业生态化战略

浙江经过三轮"811"行动,环境质量和民生方面也得到了较大改善。

利用污染减排的刚性约束手段,采取淘汰一批、转移一批、提升一批的方式,促进总量削减、质量改善、发展优化。大力发展生态型工业,形成一批新型的生态化企业,构建新的生态产业。

浙江省把节能降耗、污染减排作为转变经济增长方式的突破口,形成倒逼机制,从节约资源和优化环境中求发展。浙江节能减排落实企业责任,以经济手段和法律手段为主,利用市场采取体制创新对高能耗、高污染、高排放企业提出了具体减排要求。2006 年以来,浙江按照"谁开发、谁保护,谁破坏、谁修复,谁排污、谁付费"和"谁治理谁受益"的原则,特别是 2010 年以来,推进铅蓄电池、电镀、印染、化工、制革、造纸等六大重污染、高耗能行业整治提升,努力以污染治理和环境保护的倒逼机制推动产业转型升级,实现环保优化发展。截至 2014 年年底,全省共关闭 8 500 多家重污染企业，淘汰全部造纸草浆生产线和所有味精发酵工段。56 个县（市、区）共关闭企业 24 213 家，整治提升 8 266 家[1]。

全省在保持经济平稳较快增长、工业化和城市化加快推进的形势下，主要污染物排放总量持续下降，2003—2012 年，浙江实现了年均 15%的 GDP 增长，而万元 GDP 所对应的化学需氧量和二氧化硫的排放强度，分别相当于全国平均值的 48.68%和 44.35%。[2]

数据表明，2010 年全省化学需氧量排放量较 2005 年下降 18.15%；二氧化硫排放量下降 21.16%，均超额完成国家下达的"十一五"减排目标。根据环保部核定，浙江省 2011 年度化学需氧量、氨氮、二氧化硫和氮氧化合物四项主要污染物分别下降 2.81%、2.55%、3.15%和控制增长 0.68%，实现"十二五"污染减排的开门红。[3]2010—2014 年废水中的化学需氧量排放总量和氨氮排放量也逐年递减，数据详见表 3-1（2011 年起扩大了统计范围）[4]。

表 3-1　2010—2014 年废水中的化学需氧量排放总量和氨氮排放量　　单位：万 t

指标	2010 年	2011 年	2012 年	2013 年	2014 年
化学需氧量排放总量	48.68	81.83	78.62	75.51	72.54
氨氮排放量	3.97	11.54	11.23	10.75	10.32

3.4.2　实施生态经济化战略

浙江省政府相继出台《关于进一步完善生态补偿机制的若干意见》《浙江省排污权有偿使用和交易试点工作暂行办法》等一系列政策，无论是生态公益林建设，还是水源保护区保护，均体现了"保护生态就是保护生产力"的基本精神，完成了生态保护从无偿到有偿的历史性变革。推动生态经济的发展，采取公开竞价的方式拍卖排污权，截至 2012 年 5 月，浙江省排污权有偿使用和交易金额累计突破 13 亿元，排污权质押贷款 9.6 亿元。排污权从无偿

---

① 浙江省环保厅. 2014 年浙江省环境状况公报[EB/OL]. 2015-06-03.

② 吴妙丽. 绿色浙江在路上——浙江省生态文明建设综述[N]. 浙江日报，2013-05-18.

③ 沈满洪. 从绿色浙江到生态浙江，浙江生态文明建设辉煌五年[N]. 浙江日报，2012-05-25.

④ 浙江省统计局. 浙江统计年鉴[M]. 北京：中国统计出版社，2015.

使用到有偿使用、从不可交易到可以交易的转变，是一场生态经济的"革命"，它的突出成果是使得排污权有偿使用和交易制度演化成招商选资的机制。[①]

3.4.3　实施资源节约化战略

通过实施资源节约化战略，资源生产率大幅度提高。"十一五"期间，浙江万元 GDP 能耗从 2006 年的 0.84 t 标煤下降到 2011 年的 0.55 t 标煤（图 3-2），五年累计下降了 30%以上，顺利完成了国家的考核目标任务。全省废弃资源的回收利用能力和利用效率不断提高，年利用各类再生资源 2 000 多万 t，位居全国前列。

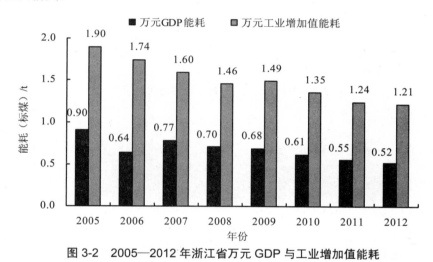

图 3-2　2005—2012 年浙江省万元 GDP 与工业增加值能耗

单位 GDP 用水量和单位工业增加值用水量也逐年递减，其中单位 GDP 用水量从 2010 年的 79.31 m³/万元下降到 2014 年的 54.82 m³/万元；单位工业增加值用水量从 176.39 m³/万元下降到 131.31 m³/万元，见图 3-3。

---

① 沈满洪. 生态文明制度建设的"浙江样本"[N]. 浙江日报，2013-07-19.

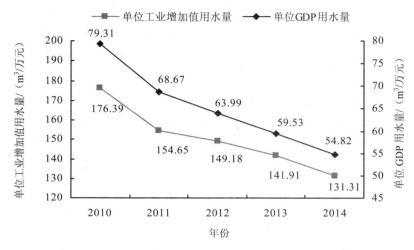

数据来源：浙江统计年鉴 2015[EB/OL]. 浙江统计信息网，http：//www.zj.stats.gov.cn/tjsj/tjnj/DesktopModules/Reports/12.浙江统计年鉴 2015/indexch.htm.

图 3-3　单位 GDP 与单位工业增加值用水量

3.4.4　实施绿色消费战略

绿色消费是指以天然、安全、有效、环保为主要特征的消费，浙江省采取非绿色产品的约束性政策和绿色产品的鼓励性政策的双向激励绿色财税政策，引导居民自觉崇尚绿色消费。大排量汽车的限制性措施与电瓶汽车的补贴政策，化石能源的总量控制与可再生能源的鼓励开发，公害食品的严格监管和绿色食品的优质优价，等等。浙江居民的消费行为正在悄然转型。实施消费生态化战略，促进绿色消费是促进生态文明建设的核心内容。

浙江省十分重视绿色组织创建工作。自 2002 年开始组织评选"绿色学校"以来，截至 2011 年，全省拥有国家级绿色社区 27 个、省级绿色社区 702 个，全国绿色家庭 22 户、省级绿色家庭 1 688 户。

政府通过制定各种绿色财税政策，通过对非绿色产品的约束性政策和绿色产品的鼓励性政策的双向激励绿色消费，引导居民绿色消费，如大排量汽车的限制性措施、对新能源车实行补贴政策等。

3.4.5　加大环境污染治理投资力度

随着保护生态环境工作力度不断增强，治污投入也逐年加大。2013 年，全省环境污染治理投资总额 390 亿元，相当于 GDP 的 1.04%，见表 3-2。

表 3-2　2010—2013 年浙江环境污染治理投资情况

年份	环境污染投资总额/亿元	工业污染源治理投资/亿元	治理废水	治理废气	环境污染投资占GDP 比重/%
2010	35.53	11.96	7.13	4.0	1.28
2011	240.03	19.20	9.43	7.03	0.74
2012	326.83	28.30	10.18	13.84	0.94
2013	390.40	57.66	15.06	31.25	1.04

城市生态环境基础设施也逐年得到加强。2013 年，全省用水普及率为 99.86%，污水处理率为 88.57%，生活垃圾无害化处理率达 99.32%，人均公园绿地面积为 12.35 m^2，建成区绿化覆盖率为 39.88%，见表 3-3。

表 3-3　2010—2013 年浙江县以上城市环境基础设施水平

年份	用水普及率/%	污水处理率/%	生活垃圾无害化处理率/%	人均公园绿地面积/m^2	建成区绿化覆盖率/%
2010	99.65	81.27	96.32	10.99	37.80
2011	99.70	83.80	94.91	11.63	38.10
2012	99.59	86.16	97.78	12.26	39.46
2013	99.86	88.57	99.32	12.35	39.88

3.5　浙江省生态文明建设的主要措施

3.5.1　重视生态文明建设的顶层设计

浙江省非常重视生态文明建设，健全生态文明建设的组织领导体系。成立以省委书记为组长、省长为常务副组长、40 个部门主要负责人为成员的生态省建设工作领导小组，形成党委、政府领导、人大、政协推动、相关部门齐抓共管、社会公众广泛参与的工作格局。浙江生态省建设工作领导小组每年都会制订"811"生态文明建设推进行动方案，监督督促生态文明建设。

为保证生态文明建设的顺利进行，省委、省政府采取了一系列的措施，为浙江省生态文明发展取得良好成效提供了有力保障。在全国率先编制实施县级生态环境功能区规划，开展国民经济和社会发展环境资源承载能力评估。首创建立空间、总量、项目"三位一体"，专家评议、公众评价"两评结合"的新型环境准入制度，最早开展区域间水权交易，最早实施排污权有偿使用制度、最早实施省级生态保护补偿机制①。实行跨界河流水质目标管理考核和环境空气质量管理考核。

3.5.2 重视生态文明的法治建设

生态文明相关领域立法取得一定进展。浙江省人大常委会制定地方性法规共计 180 余件，其中涉及环境与资源保护的立法有 50 件，数量超过 1/4②。这为生态文明建设提供了地方立法基础。探索创新环境经济政策，率先在全省范围实行生态补偿、开展排污权有偿使用和交易试点。例如，在探索建立生态补偿机制方面，浙江省相继出台了《关于进一步完善生态补偿机制的若干意见》《浙江省生态环保财力转移支付试行办法》等政策法规，成为全国第一个实施省内全流域生态补偿的省份，标志着浙江省开始自上而下地推行生态补偿制度。仅 2005 年一年，浙江省财政就安排了生态环保建设专项资金18.4 亿元，同比增长 107.7%。省级财政安排生态环保财力转移支付资金从2006年的每年 2 亿元提高到2012 年的 15 亿元③。

在杭州、宁波等 7 座城市测量并向公众公布 $PM_{2.5}$ 含量的基础上，2012年正式发布《浙江省大气复合污染防治实施方案》，在浙江省环保厅网站实时

---

① 苏小明. 生态文明制度建设的浙江实践与创新[J]. 观察与思考，2014（4）：54-59.
② 任亦秋. 浙江环境保护地方立法 30 年[M]//李明华. 环境法治与社会发展评论（第三卷）. 北京：法律出版社，2013：7.
③ 沈满洪，谢慧明，王晋. 生态补偿制度建设的"浙江模式"[J]. 中共浙江省委党校学报，2015（4）：45-52.

公布空气质量数据。省环保厅在政务网上及时公布最新行政处罚的执法情况，供社会公众了解和监督。

3.5.3   营造生态文明建设的良好氛围

创建具有浙江特色的生态日，营造生态文明建设氛围。借鉴安吉县 2003 年创设全国首个县级生态日成功经验，结合"世界环境日""世界地球日""中国水周""全国土地日""中国植树节"等重要生态节日，2009 年浙江省创设了全国首个省级层面的生态日，决定每年 6 月 30 日为浙江生态日，积极营造共建共享生态文明的良好氛围。

每年开展生态环境质量公众满意度调查。大力推进各类生态示范创建，累计建成国家级生态示范区 45 个、国家生态县 6 个、国家环保模范城市 7 个、国家级生态乡镇 450 个和一大批国家级、省级绿色细胞。大力推行健康文明的生活方式，积极引导绿色消费，拓展公众参与的平台和载体，努力营造共建共享生态文明的良好氛围。

3.5.4   建立科学的生态文明建设考评机制

建立科学生态文明建设考评机制。在地区发展的考核方面，不再唯经济发展论，在考察经济发展的同时，加入了对地区生态文明建设的考核。率先提出"绿色 GDP"概念的基础上，推行三级绿色生态考核办法，将绿色 GDP 纳入对县区和市级部门考核指标体系；对乡镇按工业、旅游、综合三类进行分类考核，部分乡镇只考核生态。年初下达任务书，年中开展评估和督察，年底实行考核。考核结果作为评价党政领导班子和领导干部实绩的重要依据。

制定生态文明建设评价体系，通过对生态经济、生态环境、生态文化、生态制度四大领域的 31 项有效指标进行测算，进而对各个地区的生态文明建设做出评价。对县（市、区）生态文明建设情况全面量化评价，强化各级领导对生态文明建设的责任。

3.5.5 实施重大行动方案

全面实施"811"环境整治行动,"8"指的是浙江省八大水系;"11"既指全省 11 个设区市,也指当年浙江省政府划定的区域性、结构性污染特别突出的 11 个省级环保重点监管区。此时的"8"已演化成环保工作 8 个方面的目标和 8 个方面的主要任务;"11"则指当年提出的 11 个方面的政策措施。2010年,浙江省政府启动第三轮"811"环境保护行动。

从 2004 年起,先后部署实施了三轮"811"行动,作为生态省建设的基础性、标志性工程。强力推进重点流域、重点区域、重点行业污染整治,深入推进公路边、铁路边、河边、山边洁化、绿化和美化,开展清理河道、清洁乡村行动,不断改善城乡面貌,优化人居环境。针对群众反映最强烈的水环境问题,2013 年 11 月 29 日浙江省委十三届四次全会做出"五水共治"的重大决策,治污水、防洪水、排涝水、保供水、抓节水,全面推进,形成了破竹之势,打响了新一轮治水攻坚战。

发布循环经济"991"行动计划。"991",意为发展循环经济九大领域、打造九大载体、实施十大工程。九大领域包括着力发展循环型工业、加快发展生态农业、引导发展循环型服务业、积极培育支撑循环经济发展的新兴产业等;打造循环经济九大载体的目标包括打造一批循环经济示范城市和乡镇、建设一批示范基地和园区、培育一批示范企业、构建一批循环型产业链、创建一批"绿色系列"、认证一批循环经济产品、推行一批典型模式、推广一批适用技术、制定一批标准和规范;"十大工程"涵盖节能减碳工程、"城市矿产"开发工程、农业资源循环化利用工程、水资源综合利用工程、产业园区循环化改造工程、餐厨废弃物资源化利用工程、再制造产业化工程、污泥和垃圾资源化利用工程、关键技术突破工程、绿色消费促进工程等。

提出以"治污水、防洪水、排涝水、保供水、抓节水"为突破口倒逼转型升级。围绕治水目标,把水质指标作为硬约束倒逼转型,以短期阵痛换来长远的绿色发展、持续发展。"五水共治"已经成为浙江治水工作中一个响亮的代名词。与此同时还提出了"三改一拆""四边三化"等行动推动生态文明建设。

3.6　浙江省生态文明建设未来需要关注的问题

浙江省生态文明建设经过十多年的探索，通过采取一系列有效的措施，取得了一定的成效，但是对生态文明建设存在的问题仍不容忽视，在以后的建设中应给予足够的重视，从问题出发，更好地推动省生态文明建设，实现"美丽浙江"的最终目标。

3.6.1　生态文明建设发展不均衡

从省统计局公布的 2013 年各市生态文明建设综合评价指数差异来看，最高为丽水市 107.34，最低为绍兴市 92.60，地区间协调和平衡性不强，而且各市在生态经济、生态环境、生态文化、生态制度领域的协调和平衡性也存在较大差异，如丽水市的生态文化指数高达 133.05，而生态经济指数却只有 99.38，详见表 3-4。

表 3-4　各设区市生态文明指数情况

地区	总指数	生态经济	生态环境	生态文化	生态制度
丽水市	107.34	99.38	102.08	133.05	104.40
舟山市	107.08	106.9	101.11	118.29	107.56
台州市	105.92	105.61	99.30	115.70	113.91
杭州市	103.38	107.20	101.23	102.54	97.30
湖州市	102.59	98.56	93.57	123.48	111.35
温州市	99.99	105.28	95.49	99.59	96.99
衢州市	99.91	83.66	101.30	126.53	102.96
金华市	99.71	104.7	93.36	105.38	91.20
宁波市	95.58	101.57	87.74	99.37	94.36
嘉兴市	95.37	99.89	78.98	109.13	116.77
绍兴市	92.60	99.99	74.73	104.16	112.90

资料来源：浙江省环境保护局，省统计局.2013 年浙江省生态文明建设综合评价报告[EB/OL].2015。

各市今后需要注重利用各自优势，有针对性地采取发展政策和应对手段，来增强本地区各领域协调发展，同时，省政府也应该均衡协调各市之间的生态文明建设，缩小区域之间的差距，从而促进全省生态文明建设的全面发展。

3.6.2 水环境、大气环境需要进一步关注

浙江省发展起步较早，模式相对传统，经济增长在一定程度上是以牺牲环境为代价的，对环境造成很大的破坏，导致现在的空气污染现象严重，雾霾天气频繁出现。工厂废水、废气的排放，也导致水污染严重、酸雨天气的出现等。经过生态文明建设这十几年的历程，虽然全省水环境质量有所改善，大气污染治理取得了一定成效，但污染依然较重。

2013 年和 2014 年连续两年的环境状况公报均显示，鳌江、京杭运河和平原河网的污染仍然严重，主要污染物为氨氮、总磷和石油类；部分湖泊存在一定程度富营养化现象。尽管整体的水环境状况良好，也不能放弃任何能够改善的地方，尤其是在省政府"五水共治"的措施强力推动下，必须紧抓水污染的治理，从源头上治理，还自然界一个绿水青山。同时，要加强水源地保护和用水总量管理，推进水循环利用，建设节水型社会。

2014 年全国环境状况公报显示，浙江省仅有舟山市的空气质量达到国际二级标准。2013 年浙江省平均霾日数为 84 d，全国平均霾日数为 35.9 d，；2014 年浙江全省平均霾日数为 70 d，全国平均霾日数为 17.9 d，见图 3-4。从这一连串的数据对比来看，浙江省的大气环境落后于全国平均水平，全省平均霾日数尤其是杭州市区的霾日数远远高于全国平均。据粗略统计，2015 年浙江省的雾霾天数比 2014 年减少了两成，准确数据虽尚未公布，但即便减少两成仍远高于全国平均霾日数。以杭州为例，2013 年 1 月至 12 月，杭州市雾霾天数达到 239 d。

综上所述，我们可以看出，浙江省的水环境和大气环境仍面临很大的难题，值得引起我们的关注，也将会是未来生态文明建设中最重要的一环。

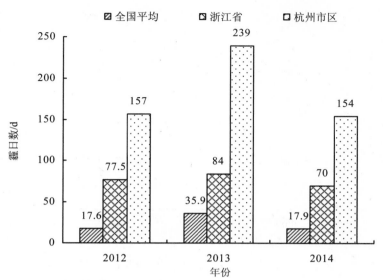

资料来源：浙江省历年环境状况公报、中国环境状况公报。

图 3-4　近几年浙江省霾日数与全国平均霾日数比较

3.6.3　资源利用效率需要进一步提升

　　从能源拥有量上来看，浙江省是一个资源小省，却是能源消费大省，必须要提倡建设节约型社会。然而浙江省的人均能源消费量逐年递增，2011—2014 年分别为 3.73 t 标煤、3.77 t 标煤、3.86 t 标煤和 3.88 t 标煤。①能源和电力消费弹性系数波动都比较大，电力消费弹性一直高于能源消费弹性，在 2010 年和 2011 年电力消费弹性系数甚至大于 1，说明浙江省能源需求较大，但能源的利用效率却一直处于较低水平（见图 3-5）。2012 年，德国人均能源消费为 3 755.12 kg 标油/人，万美元 GDP 能耗为 1.01 t 标油（按照 2005 年不变价）；日本人均能源消费为 3 584.39 kg 标油/人，万美元 GDP 能耗为 0.99 t 标油。浙江省万元 GDP 能耗为 0.59 t 标煤，人均能源消费为 3.3 t 标煤。

---

① 浙江省统计局. 浙江统计年鉴[M]. 北京：中国统计出版社，2015.

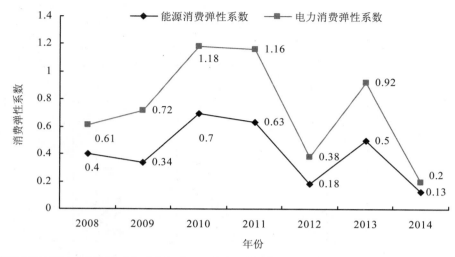

资料来源：浙江省统计局. 浙江统计年鉴[M]. 北京：中国统计出版社，2015。

图 3-5　浙江省能源与电力消费弹性系数

　　浙江省必须严格控制高能耗产业的发展，改变产业结构，推动产业转型升级。要注意调整能源结构，提高可再生能源及新能源的使用，主动适应和引领经济发展新常态，注重推进资源综合利用和再生利用，大力发展循环经济，积极推进绿色经济。

3.6.4　生态文明理念需大力提倡

　　2014 年首次全国生态文明意识调查结果揭晓。调查数据显示，以百分制计算，公众对生态文明的总体认同度、知晓度、践行度得分分别为 74.8 分、48.2 分、60.1 分，呈现出"高认同、低认知、践行度不够"的特点。①在刘佳（2014）基于生态文明理念的中国省级环境绩效评估中，浙江省在 2007—2011年连续五年的环境绩效综合排名一直稳定在第六、第七名，正如全国生态文明意识调查结果所显示的那样，浙江省也呈现出生态文明理念认知度低、践行程度不够等问题,在生态保护和环境治理两个维度,浙江省的排名相对靠后，

---

① 全国生态文明意识调查报告 [EB/OL]. http：//www.zhb.gov.cn/zhxx/hjyw/201403/t20140325_
　　269661.htm.

在 15 名左右。2011—2013 年，全省生态文明建设公众知晓率分别为 37.70%、39.78%、44.20%，虽然逐年提高，但还不到一半，在日常生活中各种破坏生态环境的行为更是屡见不鲜，生态文明理念还远远达不到普及的程度。①因此，要引导社会公众积极参与生态文明建设，对破坏生态环境的行为予以惩戒，努力创建全社会关心、支持和参与生态文明建设的文化氛围。此外，还要加强宣传，大力弘扬生态文明，充分发挥政府的主导作用、社会公众的主体作用，广泛动员社会各方力量参与保护生态环境，形成全民共建共享的良好氛围，使生态文明建设逐渐成为全社会的自觉行为。

参考文献

[1] 陈海嵩. 生态文明地方法治建设及浙江实践探析[J]. 观察与思考，2014（5）：53-57.

[2] 李向娜. 基于后碳社会的"美丽浙江"建设[D]. 杭州：浙江工业大学，2013.

[3] 刘佳. 基于生态文明理念的中国省级环境绩效评估实证研究[D]. 天津：南开大学，2014.

[4] 刘亚军. 浙江经济增长的理论描述与实证研究[D]. 杭州：浙江工商大学，2007.

[5] 全国生态文明意识调查报告[EB/OL]. http：//www.zhb.gov.cn/zhxx/hjyw/ 201403/t20140325_269661.htm.

[6] 任亦秋. 浙江环境保护地方立法 30 年[M]//李明华. 环境法治与社会发展评论（第三卷）. 北京：法律出版社，2013.

[7] 沈满洪，谢慧明，王晋. 生态补偿制度建设的"浙江模式"[J]. 中共浙江省委党校学报，2015（4）：45-52.

[8] 沈满洪. 生态文明制度建设的"浙江样本"[N]. 浙江日报，2013-07-19.

[9] 沈满洪，浙江"创业创新、科学发展"课题研究组. 从绿色浙江到生态浙江 浙江生态文明建设辉煌五年[N]. 浙江日报，2012-05-25.

[10] 生态环境日趋改善 持续优化需常抓不懈——"十二五"以来浙江经济社会发展评价分析之十八[EB/OL]. http://www.zj.stats.gov.cn/tjfx_1475/tjfx_sjfx/201506/t20150605_

---

① 生态环境日趋改善 持续优化需常抓不懈——"十二五"以来浙江经济社会发展评价分析之十八[EB/OL]. http://www.zj.stats.gov.cn/tjfx_1475/tjfx_sjfx/201506/t20150605_158529.html.

158529.html.

[11]　省委《决定》起草组. 谱写走向生态文明新时代的浙江篇章——《中共浙江省委关于建设美丽浙江创造美好生活的决定》解读[J]. 政策瞭望，2014（6）：20-24.

[12]　苏小明. 生态文明制度建设的浙江实践与创新[J]. 观察与思考，2014（4）.

[13]　魏晓双. 中国省域生态文明建设评价研究[D]. 北京：北京林业大学，2013.

[14]　吴妙丽. 绿色浙江在路上——浙江省生态文明建设综述[N]. 浙江日报，2013-05-18.

[15]　吴明红. 中国省域生态文明发展态势研究[D]. 北京：北京林业大学，2012.

[16]　谢西京. 浅析生态县建设的必要性[J]. 中国科技博览，2011（28）：510.

[17]　许芬. 绿色浙江与绿色 GDP[J]. 技术经济与管理研究，2006（2）：113-114.

[18]　严耕，林震，吴明红. 中国省域生态文明建设的进展与评价[J]. 中国行政管理，2013（10）：7-12.

[19]　严耕. 中国省域生态文明建设评价报告（ECI 2011）[M]. 北京：社会科学文献出版社，2011.

[20]　张高丽. 大力推进生态文明　努力建设美丽中国[J]. 求是，2013（24）：3-11.

[21]　张鸿铭. 对建设"绿色浙江"的认识与思考[J]. 环境污染与防治，2002（4）：193-195.

[22]　赵洪祝. 以生态文明理念加快经济发展方式转变[J]. 今日浙江，2010（11）：8-9.

[23]　浙江省 R&D 投入现状分析[EB/OL]. 浙江统计信息网（2014-08-13）.

[24]　浙江省国民经济和社会发展统计公报 [EB/OL]. http：//www.zj.stats.gov.cn/tjgb/gmjjshfzgb/.

[25]　浙江省环保厅. 全省生态环境状况评价结果（2013 年度）[EB/OL]. http：//www.zjepb.gov.cn/root14/xxgk/zrsc/sthjzkzs/201502/t20150205_321035.html.

[26]　浙江省环保厅. 2014 年浙江省环境状况公报[EB/OL]. 2015-06-03.

[27]　浙江省环境保护局，省统计局. 2013 年浙江省生态文明建设综合评价报告[EB/OL]. 2015.

[28]　浙江省统计局. 浙江统计年鉴[M]. 北京：中国统计出版社，2015.

[29]　浙江统计年鉴 [EB/OL]. 浙江统计信息网，http：//www.zj.stats.gov.cn/tjsj/tjnj/DesktopModules/Reports/12.浙江统计年鉴 2015/indexch.htm.

[30]　中共浙江省委党史研究室. 为了浙江的明天更加美好——浙江推进生态文明建设的历史回顾[J]. 今日浙江，2010（12）：33-35.

[31]　中共浙江省委党史研究室. 浙江推进生态文明建设的历史回顾[N]. 浙江日报，
　　　2010-07-13.

[32]　钟其. "两山论"：生态现代化建设的中国思想——兼论一种"地方性知识"的普同
　　　性发展[J]. 观察与思考，2015（12）：42-48.

第 4 章
浙江省生态文明建设评价指标体系构建

生态文明内涵的丰富性决定了对生态文明评价的复杂性，要客观评价一个国家或者地区生态文明建设水平，就需要通过建立合理的指标体系定量化地进行评价。本章将介绍生态文明建设评价指标体系构建的理论基础、指标的选取原则，在此基础上按照四个子系统预选指标体系，对数据进行标准化处理后，再通过主成分分析法和相关系数法相结合筛选出最终用于评价的指标体系。

4.1 浙江省生态文明建设评价指标体系构建的理论基础

关琰珠（2003）指出准确评价一个国家或者地区生态文明建设的目的主要是引导全社会成员的行为向生态行为转变，以此来逐步提高人与自然的和谐度。生态文明建设评价的指标体系是在一定的理论基础上建立的，这些理论都是在全人类对人类与自然界的互相作用与互相影响的关系的认识与探讨不断地深入、人们的思想观念不断转变的过程中逐步形成的。现在主要的理论内容包括可持续发展理论、生态资源价值理论、生命承载力理论、生态经济学理论等。

（1）可持续发展理论。该理论是指人类活动需要满足当前的需要但是又能不影响到子孙后代们的生存与发展。可持续发展意味着要维护并且和谐地利用自然资源，努力去提高现有生态环境的承载力，并时时在社会的发展计划以及政策的制定和实施中对自然资源和生态环境给予充分的关注和重视。生态文明建设建立在科学发展观的基础上，是以可持续发展的理论内容为依托、注重强调人类与自然界之间、人与人之间以及社会经济与自然环境之间的协调发展（王文清，2011）。可持续发展的最主要标志就是生态环境的自我防卫能力和生态环境的调节净化能力要高于污染破坏的能力。所以我们在设定指标体系时需要考虑以国外关于可持续发展理论的研究成果为基础和参考。

（2）生态资源价值理论。该理论主要是从资源价值角度把自然资源、环境的容量、生态承载力和生态伦理道德等都看作商品，提出恢复保护生态环境方面的支出、生态环境污染方面的赔偿以及生态环境方面的补偿等内容都应该列入生态资源价值核算的体系当中。在生态文明建设的过程中，需要建立恰当的生态补偿机制，需要将其融入国民经济的核算体系中（牛文元，1994）。

（3）生态承载能力理论。可以从两个方面说明生态承载力：第一，支撑部分，这部分主要包括环境的自我调节能力和维持能力以及资源环境能够提供的对于外部空间的承载能力；第二，压力部分，是指生态环境能够承受的外界压力。环境的自我维持能力和调节能力反映了生态系统的弹性大小。生态环境的承载能力是由生态的弹性与生态的恢复能力共同决定的，生态的恢复能力可以分为生态治理与生态抵御能力，所以在核算生态成本时，应该把生态治理成本、生态恢复成本、生态维持成本等进行全面考虑（王文清，2011；殷子萍，2013；郝佳，2012）。

（4）生态经济学理论。生态经济学理论中心思想是不仅要注重经济效益的重要性，同时还要关注生态效益的重要性，要达到经济效益和生态效益的统一，并以此为基础提出了"绿色 GDP"指标，即在传统的 GDP 指标中扣除环境治理、环境保护等成本后的经济总量（关琰珠，2007）。

4.2　生态文明评价指标的选取原则

结合已有的关于生态文明指标体系建立的研究，我们认为浙江省生态文明建设指标设置需要遵循以下几个原则（胡广，2016）：

（1）可测性原则。设置的评价指标要能够实际量化，量化所需要的数据获取要有确定可靠的来源，获取的有关数据要能用于相应的时间和地域范围内的横向比较和纵向比较。

（2）客观与主观相结合的原则。所选取的指标要尽量保证其客观性，也可以选取部分主观指标，发挥数据处理中的主观能动性，做到主客观相结合。

（3）整体评价与重点突出相结合的原则。整体评价是把指标体系作为一个整体，以此为基础对生态文明建设做出评价，各指标之间相互关联，不可分割，任何单独的一部分都不能作为整体状况的代表。在生态文明建设评价过程中要着重突出强调某些子系统的重要性，从而体现生态文明建设中的侧重点。

（4）独立性原则。评价指标体系中的各个指标之间尽可能保持相互独立，这样可以避免指标信息的重复。

（5）代表性原则。指标体系中的每个指标都要具有代表性，从而能够以较少的指标全面且系统地反映生态文明建设的整体状况。同时把各子系统中的代表性指标选出来，能使评价体系有较高的社会认可程度。

4.3 生态文明评价指标的预选

生态文明建设指标的建立一方面是对当前的生态文明建设成果的考核评价，另一方面也体现了生态文明的内涵。指标体系设置是否合理直接决定了评价结果的真实性与可靠性，所以为了保证最终使用的指标体系的科学性、客观性，我们在后面研究的指标体系的设置过程包括先预选、再筛选，最后才确定用于评价分析的指标体系。

生态文明建设是以科学发展为指导，以节约资源、保护环境为前提，大力发展生态经济，促进生态民生和谐，生态文明实质上是关于天与人关系的一种文明，具体地体现在自然资源的节约、生存环境的友好、生态体制的合理、公众对生态保护的参与等方面的一种和谐进步的状态，是集精神文明、物质文明与政治文明于一体协调发展、和谐共处的结果（王如松，2013）。这种观点把生态文明从生态学范围推广到了包括资源环境、人文环境和社会公众在内的较广阔的范围。

党的十七大和十八大报告明确提出，要基本形成节约能源资源和保护生态环境的产业结构、增长方式，要形成循环经济，单位 GDP 能耗与带来的污染排放要下降，生态文明观念在全社会要牢固树立。两个报告对生态文明建设的内容说明都包括了以下几个方面：在经济发展方面，方式要转变；在资源利用方面，要走节约型道路；在环境管理方面，要做到有效控制环境污染；在社会民生方面，要大力提高居民生活水平。这些内容也正好体现了人类社会的物质文明层次、精神文明层次和行为文明层次，分别落实到了经济、资源、环境、社会几个核心领域。这对于我们构建指标体系具有很大的借鉴意义。

回顾关于国内外生态文明评价的指标体系，我们认为众多学者以及机构对生态文明建设评价指标体系的探讨，有的过于注重经济发展方面的指标，有的又过于注重环境保护和治理方面的指标，对"文明"与"生态"两个概念相结合的指标不多，具体表现就是在社会进步与民生发展、文化发展等方面的评价指标偏少，如浙江省统计局 2013 年课题的指标体系。

本章将在结合已有研究和前述生态文明建设内涵与要求的基础之上，参考大量已构建的生态文明建设评价指标体系，根据浙江省生态文明建设指标体系设置的原则和依据，从唯经济论转化为关注资源条件与社会民生方面的建设为出发点，兼顾环境治理与经济发展，构建浙江省生态文明建设的评价指标体系。

我们初步预设浙江省生态文明建设的评价指标体系包括目标层、系统层和指标层，目标层是浙江省生态文明指数，系统层包括了四个子系统：生态经济发展、生态资源条件、生态环境治理以及生态民生和谐。再在每个子系统内设立指标层。我们设立的指标体系在以下几个方面有所创新：

（1）指标体系的目标层是生态文明指数，该指数是由系统层的四个子系统综合而成的结果，通过对该指数的量化可以综合体现一个地区生态文明建设的总体水平，更加注重各系统之间的协调发展。

（2）指标体系的系统层内容体现了生态文明建设的重点从唯经济论转化为关注资源条件与社会民生方面的建设，兼顾环境治理与经济发展，符合人类社会和谐发展的愿景和要求。

（3）指标体系的系统层中，改变了一直以来把生态与环境混为一谈的习惯思维，对环境方面的评价分别建立了生态资源条件子系统和环境治理子系统。其中生态资源子系统用来评价人类赖以生存的自然资源状况，而环境治理是对人类生产生活过程中对环境的保护、改善与治理水平的评价。

（4）指标体系中指标层中的每个指标都是客观定量的，数据都是来源于权威发布的各相关统计年鉴、网站公布的数据资料等，避免主观性，这样可以保证评价结果的客观性、真实性。

4.3.1 生态经济发展子系统指标预选

经济作为支撑整个生态文明建设的基础，为生态文明建设提供物质保障。生态文明建设的关键在于实现经济持续稳定健康增长。评价一个国家或者一个地区经济增长不仅要关注总量上的增长，还需要更多地关注经济结构与发展效率方面的成就，以促进经济结构更合理、经济发展更健康、更有活力为目标，这也正是生态文明建设对经济发展提出的要求。

以此为依据，参考刘薇（2014）、蒋小平（2008）、张欢和成金华（2013）等众多学者研究成果，生态经济发展子系统共预设了 8 个指标，体现了经济发展的总量、结构和效率这几个方面。设定的指标为：GDP、地方财政总收入、固定资产投资总额、外商投资总额、人均 GDP、第二产业产值所占比例、第三产业产值所占比例、工业企业销售利税率。

（1）GDP、地方财政总收入、固定资产投资总额是从总量的角度反映当地经济发展的情况，外商投资总额是从总量的角度反映当地外资利用的总体情况。

（2）人均 GDP，即人均国内生产总值：是将一个国家核算期内（通常是一年）实现的国内生产总值与这个国家的常住人口（或户籍人口）相比进行计算，得到人均国内生产总值。常作为发展经济学中衡量经济发展状况的指标，是最重要的宏观经济指标之一（桂许寿，2010）。它是人们了解和把握一个国家或地区的宏观经济运行状况的有效工具，是衡量各国人民生活水平的一个标准。

（3）第三产业占 GDP 的比重：第三产业主要代表的是低能耗、低排放、低投入、高产出的产业，其中以服务业为代表，第三产业占 GDP 的比重反映的是社会经济结构，第三产业在整个国民经济中所占的比例越大，越能说明产业转型升级的效果。在指标体系中该指标属于正指标。

（4）第二产业占 GDP 的比重：第二产业主要是以工业企业为代表的带动一个地区经济发展的主要动力，第二产业占 GDP 的比重反映的是社会经济结构，第二产业在整个国民经济中所占的比例应当与第三产业和第一产业所占的比例相比较，以此来说明一个地区产业转型升级的效果。该比例值不宜太高也不宜太低，所以在指标体系中属于正指标。

（5）工业企业销售利税率：该指标是用来反映社会生产活动中生产效率的指标，是一个相对指标，其值越高，说明生产效率越高，对全社会经济发展的贡献度也越高，从而可以带动其他相关行业的发展。

4.3.2　生态资源条件子系统指标预选

生态资源包括很多方面，如森林、草原、水、湿地等，这些资源是否充足和健康是衡量一个国家或地区生态文明水平高低的主要标志，是决定一个地区支撑经济发展和社会进步的环境承载力大小的主要因素。结合浙江省的实际情况，生态资源条件子系统里设置了四个评价资源条件的指标，用以描述居民赖以生存的绿化、土地、水资源等自然资源条件现状：建成区绿化覆盖率、人均公园绿地面积、人均水资源、人均耕地面积。

（1）建成区绿化覆盖率：生态环境首先考虑的问题之一是森林保护问题，而森林主要分布在城乡区域，城区主要以建成区绿化覆盖率来代替森林覆盖率。建成区绿化覆盖率是行政区域内实际建成或正在建的地区绿化面积与行政区域大小的比例。中国的城市建成区一般不包括市区内面积较大的农林和不适宜建设的地段。

（2）人均公园绿地面积、人均水资源、人均耕地面积：这几个指标是从相对人均量的角度反映一个地区的资源条件状况，生态资源条件不仅要支撑一个地区的经济总量增长，更重要的是在经济发展、社会进步的同时提高居民生活质量，为居民生活提供优越的生存和发展的资源环境，从而达到人与社会的和谐、人与环境的和谐。

4.3.3　生态环境治理子系统指标预选

　　生态环境的好坏直接或者间接地影响人类的生存和发展，生态环境的治理是社会发展过程中伴随经济发展过程的一个重要环节。环境治理主要包括生产生活过程中对森林资源、矿产资源、水资源、空气资源等的消耗与污染排放程度的控制。参考王文清（2011）、杜宇（2009）、刘伟杰（2013）等学者的研究成果，生态环境治理子系统里设置了八个指标，用来反映生态环境治理的成果和效率：每万元 GDP 二氧化硫排放量、每万元 GDP 水耗、每万元 GDP 能耗、二氧化硫处理率、工业粉尘去除率、生活垃圾处理率、一般工业固体废物综合利用率、污水集中处理率。

　　（1）每万元 GDP 二氧化硫排放量：二氧化硫主要来自化石燃料的燃烧释放，是大气污染的主要成分之一。治理环境过程中需要减少二氧化硫的排放量。该指标越小越好，所以属于逆指标。

　　（2）每万元 GDP 水耗：水资源是紧缺资源，目前工业用水量占总的水资源消耗的比重还比较大，降低工业生产过程中的水耗量可以缓解水资源不足的压力，也可以减少废水的排放，减少对河流及地下水资源的污染。该指标越小越好，所以属于逆指标。

　　（3）每万元 GDP 能耗：每万元 GDP 能耗是通过单位 GDP 所消耗的能源来衡量的，一般而言，能源消耗量用标煤来度量，单位 GDP 消耗的能源越少，则说明能源利用的效率越高。该指标越小越好，所以属于逆指标。

　　（4）工业二氧化硫处理率：该指标主要考虑二氧化硫的排放总量和产生总量，二氧化硫的过度排放对大气环境和自然环境有严重的污染，将导致水土的酸性加强，这对人们的生活和生产活动产生不利影响。对二氧化硫的处理主要从循环利用和废气处理两方面着手，还有一部分是直接排入大气中。该指标值越大越好，所以属于正指标。

　　（5）工业粉尘去除率：工业粉尘是空气中粉尘的主要来源之一。我们用 $PM_{2.5}$ 指标对空气中的粉尘颗粒进行监控，工业粉尘去除率的大小可以反映一个国家或者地区在空气质量方面的治理力度和成效。

（6）生活垃圾无害化处理率：生活垃圾处理率是指生活垃圾被无害化处理的量除以总产生量的比值，生活垃圾的无害化处理是通过某些特殊的处理方法，将生活垃圾对生态环境的污染消除。随着生态文明建设的不断推进，生活垃圾的处理技术也在不断提高，处理效率越来越高，现在已经不仅仅采用焚烧和填埋的处理方式，而且实行垃圾分类、循环利用。随着人们生态环保意识的不断加强，生活垃圾的处理难度有所降低，有助于生活垃圾处理率的提升，这也是改善城乡生态环境、优化居民生活环境和提高人民生活幸福感的一项重要举措，该指标属于正指标。

（7）一般工业固体废物综合利用率：工业固体废物是固体废物的一种，工业废弃物在导致资源浪费的同时也会污染空气和地下水资源，甚至还会导致生态平衡被破坏，危及人类生存与发展。综合有效地利用工业固体废物能够实现资源的充分合理利用，也能减少环境压力。工业固体废物的综合利用程度表明一个国家或者地区经济发展水平与生态环境治理程度之间的和谐状态以及当地的可持续发展能力，可以反映生态文明建设水平。该指标越大越好，属于正指标。

（8）污水处理率：污水处理率是指经过处理的生活污水、工业废水量占污水排放总量的比重。污水主要源于生产活动和生活活动，污水的排放会严重影响地下水资源的质量，通过污水有效处理，保障人们生活用水质量，加强水资源的有效利用。该指标属于正指标。

4.3.4 生态民生和谐子系统指标预选

生态文明建设既要关注经济发展的重要性，同时也要反对唯 GDP 论的倾向，需要实现经济与环境、民生协调发展，所以需要从多角度衡量社会民生的发展状况。社会民生建设主要包括社会保障、医疗保障、文化、教育、居民生活等方面，该类别包含了社会生活的众多方面，因此包含的指标相对较多。参考刘伟杰（2013）、周江梅等（2012）、田智宇等（2013）等学者的研究，生态民生和谐子系统里设置了 14 个指标，包括文化、教育、科技、医疗、保险等。设置如下指标：城镇失业登记率、每万人医院、卫生院床位数、每万人医生数、每百人图书馆藏书数、每万人剧场数、影院数、每万人拥有公交车量、互联网普及率、城镇基本医疗保险参保率、失业保险参保率、城镇基本养老参保率、城镇居民人均收入水平、职工平均工资、科技支出占财政总支出比例、教育经费占财政总支出比例。

（1）城市登记失业率：该指标是报告期末城镇登记的失业总人数除以期末城镇从业人员总数与期末实有城镇登记失业人数之和的比值。失业率是一个国家或地区评价就业状况的主要指标，就业状况与经济发展、社会稳定等方面有着密切的关系。该指标为逆指标。

（2）每万人拥有的剧场、影院数：该指标是指一个地区所拥有的剧场、影院数量除以该地区年末总人口的数量，该指标是人们社会生活品质的部分体现，属于正指标。

（3）每百人拥有图书馆藏书数：用一个地区的图书馆藏书总量除以该地区人口总数，体现了在生态文明建设过程中，文化传播、精神生活方面的建设情况，也可以反映地区人文素养。该指标属于正指标。

（4）每万人拥有的医院、卫生院床位数：用地区拥有的医院、卫生院等医疗机构所拥有的床位总数除以该地区的人口总数。医疗保障是生态文明建设中很重要的一个方面，该指标反映了一个地区医疗基础设施建设的水平，该指标属于正指标。

（5）职工平均工资、城镇居民人均可支配收入：这两个指标用来反映当地居民的人均收入状况。居民收入的高低决定了居民生活水平的高低，也是当地生态文明建设中社会民生的一个重要内容。

（6）每万人拥有医生数：用一个地区拥有的医生总数（包括执业医师+执业助理医师）除以该地区年度总人口求得。该指标反映了地区医疗保障水平，属于生态文明建设的重要内容。该指标属于正指标。

（7）城镇基本养老保险参保率：该指标是指一个地区的城镇基本养老保险参保人数除以该地区总人数所得的比值。城镇基本养老保险参保率是反映地区民生和社会保障的重要指标之一。该指标属于正指标。

（8）城镇基本医疗保险参保率：该指标是指城镇基本医疗保险参保的人数除以地区总人口数的比值。城镇居民基本医疗保险是社会医疗保险的组成部分，反映了一个地区民生和社会保障水平，是生态文明建设的重要指标之一。该指标属于正指标。

（9）失业保险参保率：该指标是以一个地区失业保险的参保人数除以该地区总失业人口数所得的比值。失业保险参保率反映了一个地区对失业人员的保障程度和水平，是反映地区社会保障水平的重要指标之一，是体现地区生态文明水平的重要内容。该指标属于正指标。

（10）每万人拥有公交车量：该指标是指一个地区公交车总量与该地区总人口数的比值。国家规定的全国文明城市 A 类测评标准万人拥有公交车 12 标台。该指标表示该城市公交发展的水平。公交出行可以减少私家车使用，减少对环境的污染和能源消耗，提高生态文明水平。该指标属于正指标。

（11）互联网普及率：该指标用来反映一国或者一个城市的信息化程度，互联网普及率越高，表明该地区信息化程度越高，利于知识与信息的获取与传播。该指标是通过一个地区内使用互联网的人数与当地总人数的比值来确定的。

（12）科技支出占地区财政总支出的比重：该指标是指一个地区的科技投入总额与该地区政府年度总财政支出的比值。科技投入的大小反映当地政府对科学研究与科技发展的重视程度。科技投入能提高资源使用效率，降低资源损耗率，提高生产率，尤其是绿色科技投入，能提高能源利用率，降低污染物排放，促进循环利用，从而促进生态文明建设。该指标属于正指标。

（13）教育支出占地区财政总支出的比重：该指标是指一个地区的教育支出总额与当地的财政支出总额的比值。目前世界平均水平为 7%左右，其中发达国家达到 9%左右。教育水平提升可以促进当地居民提升文化水平，促进生态文明建设，属于生态文明建设的重要组成部分。该指标属于正指标。

综上所述，预设的指标体系见表 4-1。

我们在研究中选取的样本是浙江省范围内的 11 个城市：杭州、宁波、温州、嘉兴、湖州、绍兴、金华、衢州、舟山、台州、丽水，同时也把浙江省作为一个研究对象和其他城市作比较，时间范围是 2006—2014 年，数据源于2007—2015 年的《中国城市统计年鉴》《浙江省统计年鉴》《中国统计年鉴》以及各地区的地方统计年鉴、浙江省统计信息网等。

表 4-1　浙江省生态文明建设评价指标体系预设指标

目标层	系统层	指标层	单位	指标属性（正/逆）
浙江省生态文明指数	生态经济发展	GDP	万元	正
		地方财政总收入	亿元	正
		固定资产投资总额	亿元	正
		外商投资总额	万美元	正
		人均 GDP	元	正
		第二产业占 GDP 的比重	%	正
		第三产业占 GDP 的比重	%	正
		工业企业销售利税率	%	正
	生态资源条件	建成区绿化覆盖率	%	正
		人均公园绿地面积	m^2/人	正
		人均水资源	万 t/百人	正
		人均耕地面积	hm^2/千人	正
	生态环境治理	每万元 GDP 二氧化硫排放量	kg/万元	逆
		每万元 GDP 水耗	t/万元	逆
		每万元 GDP 能耗	kW·h/万元	逆
		工业二氧化硫处理率	%	正
		工业粉尘去除率	%	正
		一般工业固体废物综合利用率	%	正
		污水处理厂集中处理率	%	正
		生活垃圾无害化处理率	%	正
	生态民生和谐	城镇登记失业率	‰	逆
		职工平均工资	元	正
		城镇居民人均收入水平	元	正
		每百人公共图书馆藏书	册	正
		每万人拥有的剧场、电影院数	个	正
		每万人拥有的医院、卫生院床位数	床	正
		每万人拥有的医生数	人	正
		每万人拥有的公交车量	辆	正
		城镇基本养老保险参保率	%	正
		城镇基本医疗保险参保率	%	正
		失业保险参保率	%	正
		互联网普及率	%	正
		教育支出占地区财政总支出的比重	%	正
		科技支出占地区财政总支出的比重	%	正

4.4　数据的标准化

由于生态文明指标体系中各指标单位不同，无法比较，因此需要对各个指标数据标准化。关于数据标准化方法，我们参考浙江省统计局（2013）、何天祥等（2011）等的研究方法，采取目前应用较广泛的一种标准化方法，即：

对于正指标，采用 $Y_{ik} = (X_{ik} - \min X_k)/(\max X_k - \min X_k)$

对于逆指标，采用 $Y_{ik} = (\max X_k - X_{ik})/(\max X_k - \min X_k)$

式中：X_{ik} 为第 i 个地区第 k 个指标的数值，$\max X_k$ 为基年各地区第 k 个指标的最大值，$\min X_k$ 为基年第 k 个指标的最小值。Y_{ik} 为第 i 个地区第 k 个指标的标准化值，经过这样的处理，原始的评价指标都会成为无量纲值，数据之间可以进行相应的比较和运算。

4.5　指标的筛选

指标体系评价模型中，指标层内设置的指标过多，得到的数据集的维度也会较高，高维度数据集的分析容易出现信息的重复与评价结果失真。所以，我们需要对前面 4.3 中预选的指标集进行筛选，也就是适当降低数据集的维度。关于筛选指标降低维度的方法，有专家主观评价法、数理统计筛选法，也有两者相互结合的方法。为了体现客观性，我们采用数理统计方法，也就是完全依赖于统计数据做定量分析，用搜集到的原始数据本身所体现的数据特点，决定哪些指标贡献较大，哪些指标是可以剔除的。这类方法有很多，如主成分分析法、相关系数法、逐步回归法、偏最小二乘法等。本书采用主成分分析与相关系数相结合的方法决定最终采纳的指标集。其基本思路是：

（1）计算各指标之间的简单相关系数矩阵，通过相关系数的绝对值是否接近 1 或者接近零来判断在该子系统内哪些指标之间有较强的相关性，数据集信息重复的多少。

（2）KMO 统计量值。该指标值主要是比较所有指标间的简单相关系数平方和与偏相关系数平方和的大小，其取值范围为 0～1，如果 KMO 很接近 1，表明各指标之间的相关性很强，则该指标集适合通过主成分分析来降维度，否则该指标集不适合主成分分析。统计中常用的 KMO 判断标准见表 4-2。

表 4-2　KMO 统计量值不同范围

大于 0.9	0.8～0.9	0.7～0.8	0.6～0.7	0.5～0.6	小于 0.5	小于或者等于 0.01
非常适合	很适合	适合	勉强适合	不太适合	不适合	极不适合

（3）根据 KMO 值判断，如果需要进行主成分分析来降维，则按照总方差贡献率达到 95%以上的原则决定主成分的个数，在因子载荷矩阵中按照每个主成分对应的各指标载荷量大小来决定该指标的去留，每个主成分中载荷系数较大的指标作为最终分析使用的指标，而对于那些载荷系数较小的则从指标集中剔除。

通过这样的方法得到的指标体系数据之间重复的信息比较少，每个指标对整个指标体系贡献度都不可或缺，分析结果也更接近实际。

4.5.1　生态经济发展子系统指标的筛选

生态经济发展子系统共预设了 8 个指标，按照表 4-1 中的顺序从上到下依次用 E_i（$i=1, 2, \cdots, 8$）表示，先求它们的相关系数矩阵 r_{ij}（$i, j=1, 2, \cdots, 8$），见表 4-3。该矩阵中可以看出有部分变量之间相关系数大于 0.5，甚至接近 1，如 r_{12}，r_{13}，r_{14}，r_{23}，r_{24}，r_{34} 值都达到 0.9 以上，说明这些变量之间的相关性很强，数据之间信息重复较多，需要剔除掉重复信息的指标。KMO 统计量的值为 0.797，说明适合通过主成分分析降维。

通过主成分分析得到的总方差分解结果，见表 4-4，只要前 4 个主成分就能够解释全部方差的 85%以上，所以对于指标筛选的问题来说，可以把其余四个剔除掉，结合表 4-5 中因子载荷矩阵的结果，按照在每个主成分中对应载荷系数较大也就是贡献最大的指标优先留下来的原则，我们在第一主成分中选择 E_1（GDP 总额），代表经济总量；第二主成分中选择 E_7（第三产业占 GDP 的比重），代表经济结构；第三主成分中选择 E_8（工业企业销售利税率），代表经济效率；第四主成分中选择 E_5（人均 GDP），代表人均经济发展水平。

表 4-3　生态经济发展子系统各指标相关系数矩阵和 KMO 统计量的值

指标	E_1	E_2	E_3	E_4	E_5	E_6	E_7	E_8
E_1	1.000	0.985	0.988	0.961	0.494	−0.032	0.254	0.169
E_2	0.985	1.000	0.980	0.969	0.506	−0.038	0.268	0.177
E_3	0.988	0.980	1.000	0.950	0.576	−0.039	0.254	0.162
E_4	0.961	0.969	0.950	1.000	0.475	−0.040	0.217	0.183
E_5	0.494	0.506	0.576	0.475	1.000	−0.042	0.214	0.052
E_6	−0.032	−0.038	−0.039	−0.040	−0.042	1.000	0.013	0.008
E_7	0.254	0.268	0.254	0.217	0.214	0.013	1.000	0.058
E_8	0.169	0.177	0.162	0.183	0.052	0.008	0.058	1.000
KMO 值（Kaiser-Meyer-Olkin Measure）	0.797							

表 4-4　总方差分解

主成分	特征值			总方差的解释		
	特征根	方差/%	累计方差/%	特征根	方差/%	累计方差/%
1	4.366	54.580	54.580	3.905	48.816	48.816
2	1.013	12.665	67.245	1.013	12.668	61.484
3	0.970	12.127	79.373	1.005	12.563	74.047
4	0.916	11.451	90.823	1.002	12.526	86.572
5	0.660	8.255	99.078			
6	0.052	0.646	99.724			
7	0.015	0.189	99.913			
8	0.007	0.087	100.000			

表 4-5　因子载荷矩阵

指标	主成分			
	1	2	3	4
E_1	0.976	0.097	0.059	0.151
E_2	0.972	0.111	0.068	0.163
E_3	0.955	0.093	0.054	0.249
E_4	0.968	0.06	0.077	0.133
E_5	0.353	0.09	0.006	0.931
E_6	−0.022	0.008	0.005	−0.016
E_7	0.15	0.985	0.021	0.078
E_8	0.109	0.021	0.994	0.006

4.5.2　生态资源条件子系统指标的筛选

生态资源条件子系统共预设了 4 个指标,按照表 4-1 中的顺序从上到下依次用 R_i(i=1, 2, 3, 4)表示, 先求它们的相关系数矩阵 R_{ij}(i, j=1, 2, 3, 4), 见表 4-6。从该矩阵中可以看出所有的指标之间相关系数都小于 0.5, 有的甚至接近 0, 说明这些指标之间的相关性很弱, 甚至不相关, 数据之间没有信息重复。KMO 统计量的值为 0.357, 按照表 4-2 中的判断规则, 这个系统不适合进行主成分分析, 不需要降维, 因为从总方差分解的结果(见表 4-7)中也可以看出, 需要提取四个主成分才能保证原始信息提取率达到 85%以上, 说明 4 个指标都需要保留。这个体系中的建成区绿化覆盖率、人均公园绿地面积、人均水资源、人均耕地面积 4 个指标描述了人类赖以生存的绿化、水、土地等重要的资源条件信息, 在生态文明指标体系里都是不可或缺的。

表 4-6　生态资源条件子系统各指标相关系数和 KMO 值

指标	R_1	R_2	R_3	R_4
R_1	1.000	0.246	0.038	0.476
R_2	0.246	1.000	−0.324	−0.314
R_3	0.038	−0.324	1.000	0.154
R_4	0.476	−0.314	0.154	1.000

KMO 值(Kaiser-Meyer-Olkin Measure)　　0.357

表 4-7　总方差分解

主成分	特征值			总方差的解释		
	特征根	方差/%	累计方差/%	特征根	方差/%	累计方差/%
1	1.586	39.642	39.642	1.006	25.143	25.143
2	1.357	33.928	73.570	1.003	25.066	50.209
3	0.770	19.257	92.826	1.001	25.027	75.236
4	0.287	7.174	100.000	0.991	24.764	100.000

4.5.3　生态环境治理子系统指标的筛选

生态环境治理子系统共预设了 8 个指标，按照表 4-1 中的顺序从上到下依次用 C_i（$i=1, 2, \cdots, 8$）表示，先求它们的相关系数矩阵 r_{ij}（$i, j=1, 2, \cdots, 8$），见表 4-8。从该矩阵中可以看出大部分指标之间相关系数都小于 0.5，有的甚至接近 0，说明这些指标之间的相关性很弱，甚至不相关，数据之间没有信息重复。只有 C_7 和 C_8 之间的相关系数为 0.539，大于 0.5，是否需要剔除其中一个，可以参考 KMO 统计量的值做出判断。经过计算 KMO 为 0.548，按照表 4-2 中的判断规则，这个系统不适合进行主成分分析，不需要降维。从定性的角度分析一下这两个指标也可以得到同样的结果，C_7 表示污水处理厂集中处理率，C_8 表示生活垃圾无害化处理率，这两个指标从控制水污染和控制生活垃圾污染两个非常重要的角度衡量环境治理的程度与成效，所以不予剔除。在这个体系内预设的 8 个指标都保留。

表 4-8　生态环境治理子系统各指标相关系数矩阵和 KMO 统计量的值

指标	C_1	C_2	C_3	C_4	C_5	C_6	C_7	C_8
C_1	1.000	0.477	0.381	0.331	0.074	−0.108	0.314	−0.033
C_2	0.477	1.000	0.448	0.007	−0.056	0.018	0.323	0.159
C_3	0.381	0.448	1.000	−0.048	−0.077	0.089	0.014	−0.051
C_4	0.331	0.007	−0.048	1.000	0.576	−0.077	0.380	0.056
C_5	0.074	−0.056	−0.077	0.576	1.000	0.050	0.351	−0.028
C_6	−0.108	0.018	0.089	−0.077	0.050	1.000	0.157	0.132
C_7	0.314	0.323	0.014	0.380	0.351	0.157	1.000	0.539
C_8	−0.033	0.159	−0.051	0.056	−0.028	0.132	0.539	1.000
KMO 值（Kaiser-Meyer-Olkin Measure）	0.548							

4.5.4　生态民生和谐子系统指标的筛选

生态民生和谐程度的内容涉及面比较广，包括了个人和社会民生的服务、教育、文化、科技、卫生、医疗、保险等多方面，关注民生，既要关注人们生活水平高低，又要关注社会和谐稳定。这个子系统里的内容既可以理解成生态文明建设的影响因素，也可以理解成生态文明建设的成果体现，所以这个系统里指标数量比较多，我们在这里共预设了 14 个指标，按照表 4-1 中的顺序从上到下依次用 S_i（i=1, 2, $\cdots$, 14）表示。

在筛选的时候，按照预先设定的 14 个指标，求各个指标间的相关系数，发现由于相关系数矩阵为非正定而无法求得 KMO 检验值，所以无法判断是否适合主成分分析。造成相关系数矩阵非正定的一个原因是指标数量过多且其中有些指标间高度相关。此时没办法确定该删除哪些变量，于是我们采取逐步筛选的方法，从任意两个指标开始求相关系数，每次加入一个指标判断相关系数矩阵是否为正定，如果发现加入某个指标时结果为非正定的，则把该指标列入剔除的范围。

通过这样的逐步筛选，指标 S_6 和 S_9 是不能纳入主成分分析范围内的。也可以从定性的角度分析这两个指标，S_6 表示每万人拥有的医院、卫生院床位数，体现的是全民的医疗服务资源，这个指标和下面的每万人拥有的医生数所提供的信息有较多重复。S_9 表示城镇基本养老保险参保率，体现全民的社会保障水平，这个指标和基本医疗保险、失业保险这两个保险类指标在信息量上有较多重复。我们还通过计算这两个指标与这些指标之间的相关系数也看出了这些指标之间强相关。因此，剔除 S_6 和 S_9，其余的 12 个指标再用主成分分析法筛选。

依然是先求它们的相关系数矩阵 r_{ij}（i, j=1, 2, $\cdots$, 14，i, $j \neq 6$, 9），见表 4-9。该矩阵中可以看出有部分变量之间相关系数大于 0.5，甚至接近 1，如 r_{57}，r_{511}，r_{711} 值都达到 0.8 以上，表明这些变量之间的相关性很强，数据之间信息重复较多，需要剔除掉重复信息的指标。KMO 统计量的值为 0.797 5，说明适合通过主成分分析降维。

表 4-9　生态民生和谐子系统各指标相关系数矩阵和 KMO 统计量的值

指标	S_1	S_2	S_3	S_4	S_5	S_7	S_8	S_{10}	S_{11}	S_{12}	S_{13}	S_{14}
S_1	1.00	0.07	−0.29	−0.43	−0.37	−0.43	−0.50	−0.47	−0.64	−0.33	0.45	−0.41
S_2	0.07	1.00	0.01	0.12	−0.02	−0.05	−0.03	−0.05	−0.06	−0.03	−0.02	−0.04
S_3	−0.29	0.01	1.00	0.12	0.54	0.63	0.36	0.73	0.64	0.69	−0.03	0.55
S_4	−0.43	0.12	0.12	1.00	0.29	0.13	0.14	0.25	0.35	0.14	−0.12	0.20

指标	S_1	S_2	S_3	S_4	S_5	S_7	S_8	S_{10}	S_{11}	S_{12}	S_{13}	S_{14}
S_5	−0.37	−0.02	0.54	0.29	1.00	0.79	0.66	0.62	0.85	0.54	−0.31	0.50
S_7	−0.43	−0.05	0.63	0.13	0.79	1.00	0.66	0.67	0.84	0.60	−0.46	0.54
S_8	−0.50	−0.03	0.36	0.14	0.66	0.66	1.00	0.39	0.71	0.44	−0.23	0.44
S_{10}	−0.47	−0.05	0.73	0.25	0.62	0.67	0.39	1.00	0.66	0.65	−0.27	0.48
S_{11}	−0.64	−0.06	0.64	0.35	0.85	0.84	0.71	0.66	1.00	0.58	−0.38	0.66
S_{12}	−0.33	−0.03	0.69	0.14	0.54	0.60	0.44	0.65	0.58	1.00	−0.26	0.36
S_{13}	0.45	−0.02	−0.03	−0.12	−0.31	−0.46	−0.23	−0.27	−0.38	−0.26	1.00	0.06
S_{14}	−0.41	−0.04	0.55	0.20	0.50	0.54	0.44	0.48	0.66	0.36	0.06	1.00
KMO 值（Kaiser-Meyer-Olkin Measure）							0.797 5					

通过主成分分析得到的总方差分解结果如表 4-10 所示，前九个主成分就能够解释全部方差的 85% 以上，所以可以把其余的 3 个指标剔除掉，结合表 4-11 中因子载荷矩阵的结果，按照在每个主成分中对应载荷系数较大也就是贡献最大的指标优先留下来的原则，我们在第一主成分中选择 S_5（每万人拥有的剧场、电影院数），第二主成分中选择 S_8（每万人拥有的公交车数量），第三主成分中选择 S_{14}（科技支出占地区财政支出比重），第四主成分中选择 S_{13}（教育支出占地区财政支出的比重），第五主成分中选择 S_{12}（互联网普及率），第六个主成分中选择了 S_4（每万人拥有的公共图书馆藏书），第七个主成分中选择 S_2（职工平均工资），第八主成分中选择了 S_1（城镇登记失业率），第九主成分中选择了 S_{10}（城镇医疗保险参保率）。这些指标综合刻画了关于居民收入、教育、科技、文化、就业、保险等方面的内容。

表 4-10 总方差分解

主成分	特征值			总方差的解释		
	特征根	方差/%	累计方差/%	特征根	方差/%	累计方差/%
1	5.807	48.390	48.390	1.627	13.561	13.561
2	1.328	11.066	59.456	1.316	10.964	24.525
3	1.105	9.209	68.665	1.284	10.703	35.228
4	0.992	8.270	76.935	1.283	10.691	45.919
5	0.837	6.975	83.910	1.184	9.865	55.784
6	0.571	4.761	88.671	1.084	9.034	64.818

主成分	特征值			总方差的解释		
	特征根	方差/%	累计方差/%	特征根	方差/%	累计方差/%
7	0.478	3.981	92.652	1.062	8.852	73.670
8	0.312	2.598	95.249	1.020	8.501	82.171
9	0.216	1.798	97.047	1.007	8.391	90.562
10	0.170	1.413	98.461			
11	0.122	1.019	99.479			
12	0.062	0.521	100.000			

表 4-11　因子载荷矩阵

指标	主成分								
	1	2	3	4	5	6	7	8	9
S_1	−0.093	−0.232	−0.192	0.268	−0.083	−0.247	−0.081	−0.848	−0.147
S_2	−0.013	−0.007	−0.015	−0.011	−0.011	0.063	0.778	−0.033	−0.015
S_3	0.240	0.093	0.253	0.063	0.388	0.014	0.003	0.100	0.301
S_4	0.114	0.025	0.064	−0.035	0.032	0.971	0.015	0.167	0.062
S_5	0.834	0.316	0.194	−0.151	0.204	0.148	0.143	0.050	0.214
S_7	0.465	0.428	0.322	−0.428	0.183	0.003	0.378	0.005	0.274
S_8	0.319	0.877	0.163	−0.072	0.166	0.026	0.067	0.226	0.062
S_{10}	0.284	0.100	0.196	−0.128	0.303	0.113	0.303	0.190	0.786
S_{11}	0.587	0.354	0.375	−0.234	0.197	0.178	0.317	0.313	0.146
S_{12}	0.205	0.184	0.118	−0.142	0.877	0.040	0.255	0.079	0.211
S_{13}	−0.138	−0.065	0.084	0.946	−0.095	−0.039	0.029	−0.199	−0.063
S_{14}	0.222	0.167	0.901	0.093	0.114	0.076	0.176	0.167	0.139

通过前面的筛选，我们最终确定的浙江省生态文明建设评价的指标体系如表 4-12 所示。

表 4-12　浙江省生态文明建设评价指标体系最终指标

目标层	系统层	指标层	单位	指标属性（正/逆）
浙江省生态文明指数	生态经济发展	GDP	万元	正
		人均 GDP	元	正
		第三产业占 GDP 的比重	%	正
		工业企业销售利税率	%	正
	生态资源条件	建成区绿化覆盖率	%	正
		人均公园绿地面积	m^2/人	正
		人均水资源	万 t/百人	正
		人均耕地面积	hm^2/千人	正
	生态环境治理	每万元 GDP 二氧化硫排放量	kg/万元	逆
		每万元 GDP 水耗	t/万元	逆
		每万元 GDP 能耗	kW·h/万元	逆
		工业二氧化硫处理率	%	正
		工业粉尘去除率	%	正
		一般工业固体废物综合利用率	%	正
		污水处理厂集中处理率	%	正
		生活垃圾无害化处理率	%	正
	生态民生和谐	城镇登记失业率	‰	逆
		职工平均工资	元	正
		每百人公共图书馆藏书	册	正
		每万人拥有的剧场、电影院数	个	正
		每万人拥有的公交车量	辆	正
		城镇基本医疗保险参保率	%	正
		互联网普及率	%	正
		教育支出占地区财政总支出的比重	%	正
		科技支出占地区财政总支出的比重	%	正

4.6　小　结

　　本章遵循生态文明评价指标选取的各项原则，参考已有文献先预选指标、再利用相关系数法与主成分分析法相结合筛选指标，最终确立了用于评价浙江省生态文明建设水平的指标体系。该指标体系包括 4 个子系统，分别是生态经济发展、生态资源条件、生态环境治理和生态民生和谐。指标层里共包括 25 个指标，这些指标从不同的角度反映浙江省生态文明建设过程中经济发展总量与结构现状、自然资源充足与健康状况、生态环境治理业绩与成效、社会稳定及民生和谐等基本情况。

参考文献

[1] 杜宇，刘俊昌. 生态文明建设评价指标体系研究[J]. 科学管理研究，2009，6（3）：60-63.

[2] 关琰珠，郑建华，庄世坚. 生态文明指标体系研究[J]. 中国发展，2007（6）：21-27.

[3] 关琰珠. 区域生态环境建设的理论与实践研究——以福建省为例[D]. 福州：福建师范大学，2003.

[4] 桂许寿. 资本市场促进北部湾经济区经济增长的研究[D]. 桂林：广西师范大学，2010.

[5] 郝佳. 基于生态安全的新疆产业结构优化研究[D]. 石河子：石河子大学，2012.

[6] 何天祥，廖杰，魏晓. 城市生态文明综合评价指标体系的构建[J]. 经济地理，2011，31（11）：1897-1900.

[7] 胡广. 浙江省生态文明建设评价指标体系研究[D]. 杭州：浙江理工大学，2016.

[8] 蒋小平. 河南省生态文明评价指标体系的构建研究[J]. 河南农业大学学报，2008，42（1）：61-64.

[9] 刘薇. 北京市生态文明建设评价指标体系研究[J]. 国土资源科技管理，2014（1）：1-8.

[10] 刘伟杰，曹玉昆. 生态文明建设评价指标体系研究[J]. 林业经济问题，2013，33（4）：325-329.

[11] 牛文元. 可持续发展导论[M]. 北京：科学出版社，1994：146-154.

[12] 田智宇，杨宏伟，戴彦德. 我国生态文明建设评价指标研究[J]. 中国能源，2013，11（11）：9-12.

[13] 王如松. 生态整合与文明发展[J]. 生态学报，2013，33（1）：1-11.

[14] 王文清. 生态文明建设评价指标体系研究[J]. 江汉大学学报：人文科学版，2011，10（5）：16-19.

[15] 殷子萍. 城市人为热估算的初步研究——以广州市为例[D]. 广州：华南师范大学，

2013.

[16] 张欢，成金华. 湖北省生态文明评价指标体系与实证评价[J]. 南京林业大学学报：人文社会科学版，2013（3）：44-53.

[17] 浙江省统计局课题组. 浙江省生态文明建设评价指标体系研究和 2011 年评价报告[J]. 统计科学与实践，2013（2）：4-8.

[18] 周江梅，翁伯琦. 生态文明建设评价指标与其体系构建的探讨[J]. 农学学报，2012，2（10）：19-25.

第 5 章
浙江省生态文明建设指标分析

本章基于 2006—2014 年的数据，以 2006 年为基期，对浙江省 11 个城市的各子系统中几个主要指标值进行指标分析。借鉴《浙江统计年鉴》的划分法，将浙江分为两大地区：浙东北地区和浙西南地区，其中，浙东北地区包括杭州、宁波、嘉兴、湖州、绍兴和舟山 6 个城市，浙西南地区包括温州、台州、衢州、丽水和金华 5 个城市。通过对浙江省以及省内 11 个城市生态文明建设指标体系中的每个指标进行纵向和横向分析与比较，找出指标的时间变化规律和空间变化特征，为进一步评估浙江省及各个城市的生态文明绩效提供基础。为了便于比较，对几个主要指标值进行标准化处理。

5.1 生态经济发展

5.1.1 国内生产总值（GDP）

国内生产总值（GDP）是指一个国家或者地区所有常驻单位在一定时期内生产的所有最终产品和劳务的市场价值，GDP 是国民经济核算的核心指标，是宏观经济运行的主要指标之一，可以反映一个国家或者一个地区宏观经济总量，也是衡量一个国家或地区总体经济状况重要指标。浙江省及各地区 2006—2014 年 GDP 指标标准化值见表 5-1。

表 5-1　浙江省 11 个城市 GDP 指标标准化值

年份	浙江	杭州	宁波	温州	嘉兴	湖州	绍兴	金华	衢州	舟山	台州	丽水
2006	1.00	0.20	0.17	0.10	0.07	0.03	0.09	0.06	0.00	0.00	0.07	0.00
2007	1.19	0.24	0.20	0.12	0.08	0.04	0.11	0.07	0.01	0.00	0.09	0.01
2008	1.37	0.29	0.24	0.14	0.10	0.05	0.12	0.09	0.02	0.01	0.11	0.01
2009	1.46	0.31	0.26	0.14	0.10	0.05	0.13	0.09	0.02	0.01	0.11	0.01
2010	1.74	0.37	0.31	0.17	0.13	0.06	0.16	0.12	0.03	0.02	0.14	0.02
2011	2.04	0.43	0.37	0.20	0.15	0.08	0.19	0.14	0.04	0.03	0.16	0.03
2012	2.23	0.49	0.41	0.22	0.17	0.09	0.22	0.15	0.04	0.03	0.17	0.04
2013	2.42	0.52	0.44	0.24	0.18	0.10	0.24	0.17	0.05	0.04	0.18	0.04
2014	2.61	0.58	0.47	0.26	0.20	0.11	0.26	0.19	0.05	0.04	0.20	0.05
标准差	0.57	0.13	0.11	0.06	0.05	0.03	0.06	0.05	0.02	0.02	0.04	0.02
平均值	1.78	0.38	0.32	0.18	0.13	0.07	0.17	0.12	0.03	0.02	0.14	0.02

从表 5-1 可以看出，浙江省 GDP 指标值逐年上升，以 2006 年为基期，2014 年标准化值已超过 2.61。在浙江省 11 个城市中，增长最快的城市是宁波，其次是杭州，增长最慢的城市是舟山。GDP 指标标准差最大的城市是杭州和宁波，说明这两个城市的 GDP 波动程度较大；湖州、衢州、舟山和丽水的标准差较小，说明这几个城市 GDP 数值的变化较小。从横向数据看，截至 2014 年，11 个城市中超过 0.5 的城市只有杭州，接近 0.5 的城市是宁波，其次是温州和绍兴，达到 0.26，嘉兴和金华为 0.2，其余城市标准化值都比较小。

从空间格局分布来看，GDP 指标值较高的宁波、杭州、嘉兴和绍兴均位于浙江东北部及沿海地区；位于南部沿海的温州和金华，其 GDP 总量相对于基期来说也有显著增长。

5.1.2　人均国内生产总值

人均国内生产总值是一个国家核算期内（通常是一年）实现的国内生产总值与这个国家的常住人口（或户籍人口）的比值。它是衡量各国人民生活水平的一个标准，常作为发展经济学中衡量经济发展状况的指标，是最重要的宏观经济指标之一，它是人们了解和把握一个国家或城市的宏观经济运行状况的有效工具。浙江省及各城市人均 GDP 标准化指标值见表 5-2。

表 5-2　浙江省 11 个城市人均 GDP 指标标准化植

年份	浙江	杭州	宁波	温州	嘉兴	湖州	绍兴	金华	衢州	舟山	台州	丽水
2006	0.47	1.00	0.99	0.27	0.69	0.41	0.65	0.34	0.04	0.54	0.32	0.00
2007	0.62	1.02	1.38	0.38	0.88	0.54	0.82	0.47	0.20	0.75	0.43	0.08
2008	0.72	1.50	1.48	0.46	0.77	0.69	0.97	0.59	0.25	0.97	0.54	0.21
2009	0.79	1.30	1.23	0.49	0.82	0.66	1.06	0.53	0.29	1.09	0.57	0.25
2010	1.00	1.48	1.46	0.62	1.01	0.83	1.31	0.68	0.42	1.39	0.72	0.46
2011	1.20	1.76	1.73	0.77	1.20	1.02	1.63	0.84	0.59	1.74	0.84	0.62
2012	1.30	1.98	1.91	0.69	1.31	1.14	1.82	0.96	0.65	1.95	0.91	0.74
2013	1.68	2.75	2.88	0.94	2.03	1.45	2.00	1.28	0.73	2.17	1.03	0.61
2014	1.69	2.77	2.9	1.98	2.31	1.53	2.01	1.31	0.86	2.2	1.11	0.72
标准差	0.45	0.66	0.69	0.51	0.58	0.39	0.52	0.35	0.27	0.62	0.27	0.28
平均值	1.05	1.73	1.77	0.73	1.22	0.92	1.36	0.78	0.45	1.42	0.72	0.41

从表 5-2 可以看出，浙江省人均 GDP 指标值呈现逐年上升的态势。2006—2014 年，标准化指标值从 0.47 上升到 1.69。在浙江省 11 个城市中，增长最快的城市为宁波，其次为杭州，增长最慢的城市为丽水。标准差较大城市为宁波、杭州和舟山，说明宁波、杭州和舟山的人均 GDP 波动变化较大，温州、湖州、金华、衢州和台州标准差较小，说明这些城市该指标值的波动变化较小。从横向数据来看，截至 2014 年，11 个城市中超过 2 的城市有宁波、杭州、舟山、嘉兴和绍兴 5 个城市，低于 1 的城市有衢州和丽水两个城市。湖州、金华、台州、衢州和丽水等城市低于全省平均水平。

从空间格局分布来看，指标值较高的宁波、杭州、舟山、嘉兴、绍兴均位于浙江东北部及沿海地区。指标值较低的有位于南部沿海的台州，位于浙江西南部的衢州和丽水，位于浙江北部地区的湖州。总体上来看，浙江东北部沿海人均 GDP 水平相对较高，南部地区相对较低。

5.1.3　第三产业产值占 GDP 比重

在国家、浙江省一系列政策支持下，浙江省第三产业异军突起，占 GDP 比重逐年增加，成为经济发展的新引擎。2014 年第三产业产值占 GDP 比重达 45.5%。浙江省及 11 个城市第三产业占 GDP 比重进行标准化的结果如表 5-3 所示。

表 5-3　浙江省 11 个城市第三产业占 GDP 比重指标标准化值

年份	浙江	杭州	宁波	温州	嘉兴	湖州	绍兴	金华	衢州	舟山	台州	丽水
2006	0.58	1.00	0.57	0.70	0.00	0.06	0.01	0.61	0.34	1.07	0.50	0.67
2007	0.59	1.06	0.59	0.79	0.04	0.12	0.04	0.61	0.21	1.01	0.52	0.72
2008	0.65	1.10	0.59	0.88	0.08	0.10	0.13	0.64	0.09	0.89	0.60	0.60
2009	0.82	1.36	0.66	0.98	0.25	0.28	0.34	0.82	0.36	0.98	0.70	0.69
2010	0.83	1.31	0.57	0.94	0.24	0.31	0.44	0.85	0.26	0.98	0.71	0.64
2011	0.89	1.36	0.60	1.02	0.32	0.44	0.54	0.92	0.23	0.99	0.79	0.61
2012	1.00	1.50	0.77	1.11	0.50	0.51	0.67	1.03	0.45	1.02	0.93	0.63
2013	1.09	1.68	0.87	1.14	0.58	0.57	0.74	1.11	0.52	1.03	1.01	0.62
2014	1.44	1.71	0.9	1.2	0.61	0.63	0.75	1.22	0.56	1.09	1.05	0.66
标准差	0.28	0.26	0.13	0.17	0.23	0.21	0.29	0.22	0.15	0.06	0.20	0.04
平均值	0.88	1.34	0.68	0.97	0.29	0.34	0.41	0.87	0.34	1.01	0.76	0.65

表 5-3 显示,浙江省第三产业占 GDP 比重标准化值从 2006 开始逐年上升,省内大部分城市也表现出明显的增长态势,只有丽水的值略有下降。

从横向比较,2006 年只有杭州与舟山两个城市的标准化值大于等于 1,低于 0.5 的有嘉兴、湖州、绍兴、衢州 4 个城市。到 2014 年,有 5 个城市的标准化值大于等于 1,占城市总数 45.5%,11 个城市的标准化值全部超过 0.5。2006—2014 年,杭州的均值最大,嘉兴的均值最小。标准差最小的为丽水,说明丽水市在该指标值上的波动幅度比较小,标准差最大的是绍兴,即绍兴市该指标的取值波动幅度比较大。

从地域上来看,浙江东部沿海地区,如杭州、宁波、温州、舟山和台州等地第三产业发展较好,浙江中部发展较好的是金华市,衢州近年来发展迅速,丽水的第三产业发展与第一、第二产业保持相对平衡的水平,比其他城市落后,而舟山虽然整体上该指标值较高,但是近年来该指标值有所下降。城市的地理位置以及经济结构会影响第三产业发展,沿海城市的第三产业发展相对而言要好于中西部城市,近年来位于中西部的几个城市第三产业发展水平也在逐步提高。

5.1.4 工业企业利税率

对浙江省及 11 个城市工业企业利税率指标值进行标准化，其结果见表 5-4。

表 5-4 浙江省 11 个城市工业企业利税率标准化值

年份	浙江	杭州	宁波	温州	嘉兴	湖州	绍兴	金华	衢州	舟山	台州	丽水
2006	0.64	0.67	0.80	0.87	0.55	0.81	0.42	0.61	1.00	0.00	0.67	0.33
2007	0.69	0.87	0.71	0.85	0.68	0.72	0.53	0.63	1.04	0.49	0.57	0.76
2008	0.38	0.62	−0.20	0.51	0.36	0.28	0.45	0.12	0.58	−0.13	0.26	0.09
2009	0.92	1.11	1.54	0.81	0.81	0.63	0.59	0.50	0.80	−0.28	0.68	0.19
2010	1.24	1.61	1.55	1.22	1.06	0.74	0.78	0.95	1.38	0.98	0.79	1.86
2011	1.14	1.52	1.21	0.76	0.88	0.82	0.80	1.47	2.22	−0.21	0.81	2.01
2012	0.94	1.41	0.99	0.82	0.62	0.54	0.56	1.12	1.40	−1.11	0.85	1.65
2013	1.11	1.73	1.32	1.07	0.78	0.86	0.58	1.02	1.08	−1.13	0.96	1.64
2014	1.13	1.83	1.22	1.31	0.73	0.93	0.70	0.99	0.97	−1.38	0.98	1.53
标准差	0.28	0.46	0.54	0.25	0.20	0.20	0.13	0.40	0.47	0.78	0.22	0.77
平均值	0.91	1.26	1.02	0.91	0.72	0.70	0.60	0.82	1.16	−0.31	0.73	1.12

从表 5-4 可以看出，浙江省历年各城市工业企业利税率标准化数据在逐年上升，截至 2014 年，标准化值已达到 1.13。在浙江省 11 个城市中，标准化值最大的城市为杭州，其次为丽水、温州、宁波，增长最小的城市为舟山。标准差较大的城市为宁波、杭州、舟山、衢州，说明这几个城市该指标相对于基期的变化较大，温州、嘉兴、湖州、绍兴和台州标准差较小，说明这些城市在该指标值上的变化较小。从横向数据来看，截至 2014 年，11 个城市中超过 1 的城市有杭州、宁波、温州和丽水，其余城市低于 1。

从空间格局分布来看，浙江东北部及沿海地区的宁波、杭州和舟山该指标值较高，温州位于南部沿海，而较低的台州位于南部沿海，衢州和丽水在浙江西南部，湖州则位于浙江北部地区。总体上，浙江东北部沿海地区部分城市的工业企业利税率水平相对较高，而南部地区除温州外，其余地区都相对较低。

5.2　生态资源条件

5.2.1　建成区绿化覆盖率

　　城市生态资源条件需要考虑的首要方面就是绿色植被的覆盖情况，选取的指标是建成区绿化覆盖率。

　　统计结果显示，浙江省历年来建成区绿化覆盖率指标值总体上呈现不断上升的趋势，从 2006 年的 47.5%上升到 2014 年的 65%，期间在 2012 年还超过了 70%，可见建成区绿化覆盖率在浙江省生态环境建设中受到重视并且取得了显著成效。浙江 11 个城市建成区绿化覆盖率指标标准化结果见表 5-5。

表 5-5　浙江省 11 个城市建成区绿化覆盖率标准化值

年份	浙江	杭州	宁波	温州	嘉兴	湖州	绍兴	金华	衢州	舟山	台州	丽水
2006	0.59	0.71	0.68	0.11	0.84	0.76	1.00	0.75	0.84	0.57	0.1	0.51
2007	0.61	0.72	0.68	0.07	0.84	0.87	0.90	0.74	0.93	0.79	0.15	0.56
2008	0.69	0.72	0.68	0.06	0.85	0.96	0.95	0.75	0.87	0.79	0.88	0.64
2009	0.71	0.77	0.69	0.08	0.87	0.95	0.90	0.77	0.87	0.80	0.89	0.81
2010	0.72	0.77	0.70	0.08	0.88	1.15	0.79	0.77	0.86	0.78	0.94	0.82
2011	0.72	0.78	0.71	0.10	0.93	1.09	0.84	0.74	0.86	0.78	0.87	0.83
2012	0.8	0.79	0.71	0.61	0.92	1.10	0.82	0.75	0.83	0.73	0.90	0.91
2013	0.78	0.79	0.71	0.70	0.94	1.10	0.81	0.70	0.81	0.73	0.93	0.94
2014	0.82	0.80	0.71	0.71	0.92	1.10	0.92	0.69	0.97	0.73	0.95	0.97
标准差	0.08	0.03	0.01	0.30	0.04	0.13	0.07	0.03	0.05	0.07	0.37	0.17
平均值	0.72	0.76	0.70	0.28	0.89	1.01	0.88	0.74	0.87	0.75	0.72	0.78

　　纵向来看，2006—2014 年，11 个城市中建成区绿化覆盖率指标变化较大的城市为温州、台州、丽水和舟山，这期间该指标略有增长的城市有宁波、杭州、嘉兴和湖州，而其余 3 个城市包括金华、衢州和绍兴的指标值有所下降。根据标准差的结果可以看出，2006—2014 年，宁波、金华和杭州的建成区绿化覆盖率指标值比较稳定，台州市这几年期间增长幅度明显，波动的幅度较大。横向比较结果显示，截至 2014 年，11 个城市中建成区绿化覆盖率较

高的有湖州、台州、丽水和嘉兴，相对而言，杭州、宁波、温州、金华和舟山则较低。平均值的结果显示，2006—2014 年，湖州市建成区绿化覆盖率的均值最大，温州市最小，而且温州市与其他市相比建成区绿化覆盖率的差距也较大。总体来看，沿海地区的建成区绿化覆盖率指标值相对较低，而中西部城市则普遍较高。

5.2.2　人均公园绿地面积

浙江省 11 个城市历年人均公园绿地面积指标标准化值见表 5-5。其中浙江省的数值代表全省范围内的平均水平，反映浙江省的总体状况。数据显示，浙江省该指标值总体上是不断上升的，到 2014 年，已经从 0.33 上升到 0.85。

表 5-6　浙江省 11 个城市人均公园绿地指标标准化值

年份	浙江	杭州	宁波	温州	嘉兴	湖州	绍兴	金华	衢州	舟山	台州	丽水
2006	0.33	1.00	0.57	0.08	0.10	0.34	0.37	0.17	0.18	0.94	0.03	0.00
2007	0.41	1.20	0.58	0.08	0.20	0.59	0.40	0.17	0.20	1.49	0.06	0.00
2008	0.48	1.43	0.59	0.08	0.25	0.61	0.44	0.18	0.20	1.64	0.23	0.03
2009	0.55	1.67	0.60	0.08	0.42	0.81	0.45	0.19	0.20	1.67	0.29	0.13
2010	0.59	1.79	0.61	0.09	0.44	1.13	0.46	0.20	0.21	1.69	0.29	0.14
2011	0.65	1.88	0.64	0.21	0.53	1.24	0.48	0.20	0.23	1.73	0.29	0.15
2012	0.72	2.00	0.66	0.47	0.57	1.26	0.52	0.19	0.24	1.83	0.32	0.16
2013	0.79	2.05	0.69	0.52	0.60	1.28	0.95	0.29	0.29	1.92	0.33	0.16
2014	0.85	2.21	0.71	0.59	0.65	1.31	0.98	0.20	0.34	1.95	0.35	0.17
标准差	0.17	0.41	0.05	0.22	0.20	0.37	0.23	0.01	0.05	0.30	0.12	0.07
平均值	0.60	1.69	0.63	0.25	0.42	0.95	0.56	0.19	0.23	1.65	0.24	0.11

从表中可以看出，杭州、湖州和舟山几个城市该指标值变化较大，2014年都超过了1，而宁波、温州、嘉兴和绍兴增长幅度接近1，金华、衢州、台州和丽水指标值略有增长。宁波、金华、衢州和丽水几个城市的标准差较小，说明上述城市在2006—2014年该指标值增长情况的变化幅度较小，比较稳定；杭州的标准差最大，表明杭州该指标值在这几年期间波动较大，增长幅度明显。从均值来看，2006—2014 年，均值最大的城市为杭州，其次为舟山，最小的城市为丽水。从空间格局分布来看，标准化的指标值较低的城市主要分

布在西南部沿海地区，东部沿海城市普遍较高。

5.2.3　人均水资源

浙江省各城市历年人均水资源指标标准化值见表 5-7。因为水资源具有天然属性，取决于地域条件，所以随着时间的变化，该指标值变化的幅度也不会很大。纵向来看，各城市人均水资源从 2006 年到 2014 年有上升也有下降。

表 5-7　浙江省各城市人均水资源指标标准化值

年份	浙江	杭州	宁波	温州	嘉兴	湖州	绍兴	金华	衢州	舟山	台州	丽水
2006	0.18	0.15	0.07	0.23	0.00	0.08	0.07	0.15	0.38	0.02	0.13	1.00
2007	0.18	0.14	0.13	0.23	0.02	0.11	0.11	0.14	0.25	0.02	0.17	0.76
2008	0.17	0.22	0.10	0.12	0.05	0.17	0.11	0.16	0.37	0.05	0.09	0.63
2009	0.19	0.20	0.14	0.17	0.04	0.17	0.14	0.16	0.34	0.04	0.13	0.74
2010	0.30	0.28	0.15	0.25	0.06	0.16	0.16	0.34	0.71	0.04	0.24	1.35
2011	0.14	0.19	0.08	0.09	0.01	0.11	0.11	0.16	0.34	0.00	0.08	0.51
2012	0.31	0.33	0.22	0.23	0.08	0.21	0.23	0.32	0.68	0.11	0.21	1.19
2013	0.18	0.19	0.12	0.16	0.03	0.09	0.13	0.16	0.29	0.02	0.15	0.82
2014	0.23	0.22	0.13	0.19	0.03	0.13	0.15	0.24	0.51	0.05	0.18	1.00
标准差	0.06	0.06	0.04	0.06	0.02	0.04	0.04	0.08	0.17	0.03	0.05	0.27
平均值	0.21	0.21	0.13	0.18	0.03	0.14	0.13	0.20	0.43	0.04	0.15	0.89

截至 2014 年，除温州外，其余地区都比基期 2006 年有所增加。从标准差来看，丽水的标准差最大，表明丽水该指标值在这几年期间波动较大，增长幅度明显。而其他城市该指标的波动幅度比较小。横向数据显示，截至 2014 年，11 个城市中只有嘉兴和舟山该指标标准化值小于 0.1，其余城市都大于 0.1。从均值来看，2006—2014 年，均值最大的城市为丽水，最小的城市为嘉兴。从空间格局分布来看，除丽水和嘉兴之外，其他各城市人均水资源差别不是很明显。

5.2.4　人均耕地面积

浙江省各城市人均耕地面积标准化值数据见表 5-8。从表中可以看出，各城市该指标值随着时间的变化不是特别大，大部分城市还呈现下降趋势。

表 5-8　浙江 11 个城市人均耕地面积指标标准化值

年份	浙江	杭州	宁波	温州	嘉兴	湖州	绍兴	金华	衢州	舟山	台州	丽水
2006	0.45	0.42	0.42	0.11	1.00	0.84	0.57	0.38	0.81	0.00	0.30	0.64
2007	0.42	0.41	0.37	0.07	0.96	0.82	0.59	0.35	0.64	−0.01	0.28	0.61
2008	0.44	0.42	0.40	0.06	0.96	0.83	0.60	0.38	0.71	−0.01	0.29	0.62
2009	0.43	0.40	0.38	0.08	0.96	0.81	0.62	0.41	0.78	0.00	0.26	0.58
2010	0.42	0.37	0.37	0.07	0.94	0.77	0.62	0.41	0.80	−0.03	0.24	0.54
2011	0.41	0.35	0.36	0.06	0.94	0.77	0.63	0.41	0.82	−0.03	0.21	0.52
2012	0.40	0.34	0.34	0.05	0.93	0.76	0.62	0.41	0.83	−0.04	0.20	0.49
2013	0.39	0.32	0.34	0.05	0.92	0.75	0.62	0.40	0.83	−0.04	0.20	0.48
2014	0.29	0.19	0.29	0.01	0.82	0.57	0.44	0.27	0.70	−0.17	0.09	0.45
标准差	0.05	0.07	0.04	0.03	0.05	0.08	0.06	0.05	0.07	0.05	0.06	0.07
平均值	0.41	0.36	0.36	0.06	0.94	0.77	0.59	0.38	0.77	−0.04	0.23	0.55

　　浙江省人均耕地面积从 2006 年到 2014 年逐年下降，其中，变化最大的是嘉兴，其次是湖州、丽水和绍兴。各地标准差相差不多，都介于 0.03～0.08 之间，说明这些城市在 2006 年到 2014 年该指标值变化幅度都较小，比较稳定。横向数据显示，截至 2014 年，11 个城市中湖州、丽水和嘉兴该指标值较高，其余城市较低。从均值来看，2006—2014 年，均值最大的城市为嘉兴，其次为湖州和衢州，最小的城市为舟山。从空间格局分布来看，指标值较低的城市主要分布在沿海城市，距离沿海城市稍远的城市人均耕地面积相对较高。

5.3　生态环境治理

5.3.1　每万元 GDP 二氧化硫排放量

　　总体上来讲，浙江省该指标的值近年来迅速下降，2006 年浙江省该指标值为 5.29 kg/万元，2014 年该指标值降为 1.563 kg/万元，降幅达到 70.5%。标准化结果见表 5-9。

表 5-9　浙江省 11 个城市每万元 GDP 二氧化硫排放量指标标准化值

年份	浙江	杭州	宁波	温州	嘉兴	湖州	绍兴	金华	衢州	舟山	台州	丽水
2006	0.57	0.87	0.21	0.81	0.08	0.19	0.75	1.00	0.00	0.06	0.59	0.69
2007	0.79	0.98	0.67	1.03	0.23	0.52	0.87	1.03	0.31	0.36	0.82	0.87
2008	0.95	1.14	0.89	1.10	0.42	0.71	1.00	1.10	0.56	0.60	1.05	0.97
2009	1.01	1.16	0.96	1.11	0.55	0.56	1.05	1.19	0.66	0.72	1.21	1.04
2010	1.13	1.22	1.11	1.11	0.97	0.80	1.14	1.24	0.88	0.87	1.30	1.13
2011	1.12	1.25	1.04	1.27	0.96	1.02	1.16	1.18	0.58	1.13	1.17	0.86
2012	1.17	1.28	1.10	1.30	1.02	1.08	1.19	1.22	0.81	1.20	1.21	0.94
2013	1.20	1.30	1.15	1.32	1.07	1.12	1.21	1.26	0.77	1.22	1.24	1.00
2014	1.22	1.34	1.13	1.36	1.09	1.11	1.24	1.25	0.81	1.25	1.29	1.1
标准差	0.22	0.16	0.31	0.18	0.39	0.32	0.17	0.10	0.28	0.42	0.21	0.14
平均值	1.02	1.17	0.92	1.16	0.71	0.79	1.07	1.16	0.60	0.82	1.10	0.96

纵向来看，各个城市从 2006 年到 2014 年在该指标上都有大幅度下降，其中舟山下降幅度高达 82.2%，温州、宁波以 77%、74% 的幅度紧随其后。横向来看，在 11 个城市中，金华在 2006 年标准化值最高，说明金华每万元 GDP 二氧化硫排放量最小。11 个城市中 2006 年只有金华达到 1；到 2007 年有金华和温州；2008 年有金华、温州、杭州、台州和绍兴。到 2014 年，衢州的每万元 GDP 二氧化硫排放量相比 2006 年已经有了较大幅度的改善，但是仍然是 11 个城市中最高的，达到 4.10 kg/万元，所以加强二氧化硫的处理能力，减少排放刻不容缓。表 5-9 中指标的标准化结果显示，到 2014 年，除衢州之外其他城市的结果都超过了 1，最高的城市为杭州，标准化值达到 1.34。从 2006 年到 2014 年，万元 GDP 二氧化硫排放量标准化均值有 6 个城市超过浙江省的均值。根据标准差结果可以看出，舟山市波动幅度最大，嘉兴排名第二，金华市的波动幅度最小。

总体来看，沿海经济较发达的城市如宁波、嘉兴、湖州、舟山等的每万元 GDP 二氧化硫排放量指标值比较高，可见，这些城市最初是以牺牲环境为代价来获得经济快速增长的。

5.3.2 每万元 GDP 耗水量

在我国，水资源是稀缺资源，如果能有效降低单位产值带来的水消耗，将会极大提高生态水平。本章用每万元 GDP 的耗水量来衡量在生产生活过程中水资源的利用程度。浙江省 11 个城市历年水耗指标的标准化结果见表 5-10。

表 5-10　浙江省 11 个城市每万元 GDP 耗水量指标标准化值

年份	浙江	杭州	宁波	温州	嘉兴	湖州	绍兴	金华	衢州	舟山	台州	丽水
2006	0.80	0.65	0.77	0.73	0.99	0.91	0.96	1.00	0.00	0.83	0.94	0.94
2007	0.85	0.50	0.80	0.83	0.99	0.90	0.97	1.03	0.26	0.86	0.93	0.97
2008	0.89	0.78	0.84	0.86	1.02	0.93	0.97	1.05	0.50	0.90	0.98	0.95
2009	0.89	0.79	0.90	0.74	1.03	0.94	0.98	1.05	0.64	0.92	0.98	0.96
2010	0.94	0.90	0.88	0.91	0.99	0.95	1.00	1.05	0.66	0.94	0.99	0.98
2011	0.97	0.95	0.91	0.94	1.01	0.98	1.01	1.06	0.89	0.97	1.01	0.99
2012	0.97	0.94	0.92	0.96	1.02	0.99	1.02	1.06	0.98	1.00	1.01	1.01
2013	0.96	0.94	0.93	0.97	1.02	1.00	0.85	1.08	0.99	1.00	1.02	1.01
2014	0.97	0.95	0.92	0.97	1.03	1.01	0.90	1.09	0.99	1.01	1.03	1.02
标准差	0.06	0.16	0.06	0.09	0.02	0.04	0.05	0.02	0.35	0.06	0.03	0.03
平均值	0.91	0.81	0.87	0.87	1.01	0.95	0.97	1.05	0.62	0.93	0.98	0.98

从表 5-10 可以看出，从 2006 年到 2011 年，浙江省耗水量呈现逐年下降的趋势，在 2011 年到 2014 年耗水量变化不大。11 个城市中，除嘉兴、绍兴、金华和台州保持相对稳定外，其余城市耗水量在 2006 年到 2014 年也都呈现下降趋势。从标准差的结果分析，可以看出衢州的耗水量波动最大，嘉兴则表现稳定，波动很小。对各城市 2006—2014 年的耗水量平均值进行比较，我们可以看出金华市耗水量平均值最高，嘉兴次之，衢州的耗水量最低。11 个城市中有 6 个城市的历年均值高于浙江省平均值。从地域分布上分析可见，耗水量指标标准化值最低的是位于沿海的城市，因此沿海城市可以通过技术创新等手段降低每万元 GDP 水耗。

5.3.3　每万元 GDP 能耗

单位 GDP 能源消耗量是反映生态文明建设水平的重要指标之一，较低的单位 GDP 能耗可以极大地提高生态文明建设水平，表 5-11 为浙江省各城市能耗指标标准化值。

表 5-11　浙江省 11 个城市每万元 GDP 能耗指标标准化值

年份	浙江	杭州	宁波	温州	嘉兴	湖州	绍兴	金华	衢州	舟山	台州	丽水
2006	0.57	0.62	0.58	0.62	0.36	0.45	0.41	0.54	0.00	1.00	0.84	0.70
2007	0.60	0.66	0.60	0.66	0.36	0.49	0.46	0.57	0.10	1.02	0.84	0.75
2008	0.67	0.76	0.68	0.71	0.41	0.59	0.56	0.64	0.25	1.00	0.88	0.76
2009	0.67	0.76	0.72	0.71	0.38	0.57	0.57	0.61	0.29	0.97	0.84	0.77
2010	0.70	0.77	0.76	0.72	0.42	0.61	0.60	0.60	0.37	0.97	0.87	0.82
2011	0.74	0.82	0.80	0.78	0.45	0.63	0.67	0.63	0.47	1.04	0.87	0.81
2012	0.80	0.89	0.86	0.86	0.48	0.69	0.72	0.69	0.51	1.11	0.91	0.88
2013	0.79	0.88	0.85	0.87	0.46	0.67	0.73	0.70	0.50	1.13	0.89	0.87
2014	0.80	0.89	0.85	0.89	0.47	0.68	0.75	0.71	0.53	1.12	0.91	0.88
标准差	0.08	0.10	0.11	0.09	0.05	0.08	0.12	0.05	0.19	0.06	0.03	0.06
平均值	0.69	0.77	0.73	0.74	0.42	0.59	0.59	0.62	0.31	1.03	0.87	0.80

从表 5-11 可以看出，2006—2014 年，浙江省单位 GDP 能耗指标标准化值呈现递增的趋势，可见，耗能量在不断下降，浙江省为促进生态文明建设，在节能降耗中取得了显著的成效。

从 2006 年到 2014 年，11 个城市的指标值总体都表现为上升趋势。根据标准差的结果，这期间，波动幅度最大且增长明显的城市为衢州、绍兴和宁波，波动幅度小且增长不显著的城市为台州、嘉兴和金华。

从纵向角度分析，大部分年份的指标值高于 1 的城市为舟山，大部分年份的指标值低于 0.5 的城市为嘉兴和衢州。相对而言，衢州的改进幅度在所有的城市中排在首位，而改善幅度最小的为台州与嘉兴。

根据均值分析可知，舟山市的平均值最大，衢州最小。11 个城市中，除了嘉兴，沿海城市的能耗指标大都超过 0.8，而非沿海城市除了丽水，其他城市的能耗指标都低于 0.8。

5.3.4 二氧化硫处理率

经济发展过程中必然伴随着大量工业污染物的排放，其中一个重要的污染物是废气。我们采用二氧化硫处理率作为废气处理的监测指标。

浙江省在生态文明建设过程中对废气的排放和处理做了严格控制，二氧化硫处理率呈现逐年增加的趋势。浙江省 11 个城市二氧化硫处理率标准化结果见表 5-12。

表 5-12 浙江省 11 个城市二氧化硫处理率指标标准化值

年份	浙江	杭州	宁波	温州	嘉兴	湖州	绍兴	金华	衢州	舟山	台州	丽水
2006	0.73	0.66	1.00	0.53	0.38	0.78	0.80	0.52	0.80	0.00	0.11	0.34
2007	0.93	0.64	1.27	0.78	0.28	0.83	0.71	0.90	0.83	−0.05	0.81	0.22
2008	1.06	0.74	1.34	0.76	0.32	0.89	0.78	1.19	0.91	0.00	1.22	0.27
2009	1.07	0.71	1.35	0.85	0.78	0.85	0.64	1.00	1.03	0.48	1.29	0.23
2010	1.12	0.79	1.38	0.83	0.90	0.64	0.64	1.01	1.02	0.51	1.42	0.23
2011	1.12	0.60	1.37	1.09	0.80	0.87	0.68	0.95	0.68	0.71	1.25	0.00
2012	1.14	0.72	1.36	1.12	0.99	0.92	0.84	0.97	0.95	0.74	1.24	0.00
2013	1.03	0.81	1.21	1.11	1.00	0.90	0.77	0.99	0.73	0.79	1.22	0.00
2014	1.10	0.86	1.23	1.12	1.02	0.91	0.78	0.99	0.76	0.78	1.25	0.00
标准差	0.14	0.07	0.13	0.21	0.30	0.09	0.08	0.19	0.13	0.36	0.43	0.14
平均值	1.03	0.71	1.29	0.88	0.68	0.84	0.73	0.94	0.87	0.40	1.07	0.16

从表 5-12 可以看出，台州、舟山和嘉兴 3 个城市的二氧化硫处理率有较大幅度的增长，丽水、衢州和绍兴 3 个城市的二氧化硫处理率表现为下降趋势，湖州和杭州两市稍有增加，宁波市的增加也较少，原因在于宁波市本身该指标值就较高。从标准差来看，波动幅度较小的城市为杭州和绍兴，台州的增长幅度较大，所以波动幅度也较大。地域之间比较可以发现，位于中西部的城市，二氧化硫处理率有的增长，有的出现了倒退现象，而位于东部沿海的城市则增长都比较多。横向比较可见，截至 2014 年，指标值大于 1 的城市为宁波、温州、嘉兴和台州，宁波、温州和台州 3 个城市的指标值都高于浙江省的平均值。从均值分析来看，11 个城市中，宁波的均值最大，丽水的均值最小。总体而言，二氧化硫处理率较高且增长幅度较大的城市大都集中

在沿海地带，而位于中西部的城市处理废气的水平则较低。

5.3.5 工业烟粉尘去除率

空气质量是生态文明建设过程中关注的重要方面之一，空气质量的好坏，直接影响人类生产生活，工业烟粉尘是影响空气质量的重要因素，有效控制工业烟粉尘的排放，对于改善空气质量有着重要的作用。

2006—2014 年，浙江省全省工业烟粉尘去除率持续大于 98%，浙江省及11 个城市工业烟粉尘去除率指标标准化数据如表 5-13 所示。

表 5-13 浙江省 11 个城市工业烟粉尘去除率指标标准化值

年份	浙江	杭州	宁波	温州	嘉兴	湖州	绍兴	金华	衢州	舟山	台州	丽水
2006	0.92	0.87	1.00	1.00	0.66	0.97	0.91	0.70	0.84	0.73	1.00	0.00
2007	0.95	0.90	1.00	0.99	0.94	0.99	0.93	0.48	0.86	0.71	0.99	0.26
2008	0.98	0.88	1.02	1.00	0.96	1.01	0.93	0.24	0.86	0.73	1.02	0.31
2009	0.97	0.89	1.02	0.99	0.94	0.97	0.74	0.92	0.88	0.75	1.02	0.31
2010	0.98	0.89	1.02	1.01	0.96	0.97	0.73	0.92	0.92	0.70	1.02	0.59
2011	0.98	1.00	1.02	1.00	1.00	1.01	0.95	0.91	0.95	0.89	0.89	0.69
2012	1.00	1.00	0.95	0.99	1.00	0.99	0.99	1.01	0.89	0.91	0.09
2013	0.99	1.00	1.03	0.95	0.99	1.01	0.92	0.96	0.96	0.83	0.98	0.15
2014	1.00	1.01	1.03	0.96	0.98	1.02	0.96	0.96	0.95	0.85	0.99	0.14
标准差	0.03	0.06	0.01	0.04	0.11	0.02	0.10	0.28	0.06	0.05	0.24
平均值	0.97	0.93	1.02	0.97	0.93	0.99	0.89	0.78	0.91	0.78	0.98	0.30

纵向数据表明，浙江省的工业烟粉尘去除率指标值处于较高水平，介于0.9～1.0 之间。温州和台州两市的指标值呈现下降趋势，丽水市的去除率指标值表现为先增长后降低的趋势，舟山市保持增长趋势。其中嘉兴、金华、丽水、杭州、衢州和舟山等市的增长幅度较大。横向比较可见，截至 2014 年，杭州、宁波和湖州 3 个城市的处理率大于 1，舟山和丽水两市小于 0.9。11 个城市中，金华、丽水和嘉兴 3 个城市有着较大的标准差，所以波动幅度也较大，增长显著，宁波和温州增长不明显。从均值来看，宁波市的平均值最大，丽水的平均值最小。总体而言，工业烟粉尘去除效果相对较显著的城市如杭州、宁波和湖州等大多位于沿海地区，其余城市如温州则应该继续保持一定

的减排力度，丽水与舟山两市需要有效控制粉尘的排放量。

5.3.6 城市生活垃圾无害化处理率

城市生活垃圾是影响城市环境的重要因素之一，通过新技术对生活垃圾进行回收和循环利用，用于发电、有机肥的制造中，这样一方面可以提高资源利用率，还可以创造新财富，同时缓解垃圾带来的城市发展压力。

浙江省 2006 年的生活垃圾无害化处理率仅有 84%，之后逐年提高，到 2014 年达到 99.83%，接近 100%。各城市生活垃圾无害化处理率指标标准化结果如表 5-14 所示。

表 5-14　浙江省 11 个城市生活垃圾无害化处理率指标标准化值

年份	浙江	杭州	宁波	温州	嘉兴	湖州	绍兴	金华	衢州	舟山	台州	丽水
2006	0.38	1.00	0.84	0.00	1.00	0.61	1.00	1.00	0.94	0.46	0.89	0.28
2007	0.30	1.00	1.00	−0.89	1.00	0.71	1.00	1.00	0.92	1.00	0.71	0.87
2008	0.42	1.00	1.00	−0.40	1.00	1.00	1.00	0.83	0.98	0.21	0.76	0.79
2009	0.65	1.00	1.00	−0.50	1.00	1.00	1.00	0.96	1.00	0.72	0.84	0.96
2010	0.84	1.00	1.00	0.04	1.00	1.00	1.00	0.97	1.00	1.00	0.88	0.98
2011	0.88	1.00	1.00	−0.35	1.00	1.00	1.00	0.98	1.00	1.00	0.89	0.98
2012	0.90	1.00	1.00	0.73	1.00	1.00	1.00	0.68	1.00	1.00	0.95	1.00
2013	0.99	1.00	1.00	0.92	1.00	1.00	1.00	0.95	1.00	1.00	1.00	1.00
2014	0.99	1.00	1.00	0.98	1.00	1.00	1.00	0.96	1.00	1.00	1.00	1.00
标准差	0.27	0.00	0.06	0.62	0.00	0.16	0.00	0.11	0.03	0.31	0.09	0.24
平均值	0.67	1.00	0.98	−0.06	1.00	0.92	1.00	0.92	0.98	0.80	0.87	0.86

纵向来看，生活垃圾处理率较高的城市包括杭州、宁波、嘉兴、湖州、绍兴、衢州和舟山等，温州在 2006 年到 2011 年垃圾处理率较低，但是从 2012 年开始逐年增加，之后又有了显著改善。金华市在 2014 年的生活垃圾处理率较 2006 年有所降低。

横向来看，截至 2014 年，11 个城市中，只有金华与温州两市生活垃圾处理率未达到 100%。杭州、嘉兴和绍兴有着较小的标准差，波动较小，处理率都达到 100%。温州的波动幅度最大，且有些年份处理率标准化值为负数。从均值来看，杭州、嘉兴和绍兴 3 个城市的平均值较大，处理成效也最显著，温州平均值最小，处理成效最低。总体而言，除金华与温州两市需要继续提高垃圾处理率和垃圾处理成效外，其他城市继续保持当前成果。

5.3.7　一般工业固体废物综合利用率

固体废物综合利用率的高低体现了废弃物的无害化处理力度和循环利用的效率。提高固体废物的综合利用率既可以提高资源利用率，又可以有效降低废弃物对生态环境的负面影响。一般工业固体废物综合利用率的标准化结果如表 5-15 所示。

表 5-15　浙江省 11 个城市一般固体废物综合利用率指标标准化值

年份	浙江	杭州	宁波	温州	嘉兴	湖州	绍兴	金华	衢州	舟山	台州	丽水
2006	0.73	0.82	0.70	0.56	0.98	0.96	0.00	0.91	0.93	1.00	0.87	0.35
2007	0.74	0.86	0.55	0.46	1.00	1.00	0.30	1.01	0.92	0.98	0.88	0.40
2008	0.74	0.85	0.49	0.78	0.97	1.01	0.28	1.01	0.92	0.97	0.95	0.46
2009	0.72	0.87	0.40	0.81	0.97	0.92	0.30	0.99	0.92	1.02	0.77	0.67
2010	0.74	0.82	0.64	0.85	0.95	0.91	0.78	0.99	0.94	1.04	0.95	0.85
2011	0.70	0.76	0.65	0.80	0.70	0.70	0.70	0.93	0.87	0.79	0.65	0.76
2012	0.67	0.73	0.72	0.90	0.86	0.89	0.73	1.01	0.85	1.00	0.82	0.88
2013	0.78	0.81	0.68	1.01	0.85	0.90	0.76	0.98	0.78	1.04	0.91	0.92
2014	0.79	0.82	0.70	1.02	0.86	0.93	0.77	0.98	0.79	1.06	0.92	0.92
标准差	0.03	0.05	0.11	0.18	0.10	0.05	0.30	0.04	0.05	0.08	0.10	0.23
平均值	0.73	0.82	0.60	0.77	0.91	0.94	0.48	0.98	0.89	0.98	0.85	0.66

数据显示,浙江省总体水平从 2006 年以来维持在 0.7 左右,其均值为 0.73。从绝对值来看，浙江省平均综合利用率大部分时候达到 90%以上，但在各城市之间的差异使得其总体水平有所下降。城市之间相比较可以看出，提升较显著的城市有温州、绍兴和丽水，综合利用率水平降低的城市有嘉兴、湖州和衢州，而杭州、宁波、舟山与台州几个城市的综合利用率水平变化不明显。到 2014 年，温州和舟山固体废物综合利用率处于较高水平，舟山和宁波则较低。

绍兴和丽水有着较大的标准差，所以也在利用率水平上波动较大，杭州、衢州和湖州的标准差较小，所以波动不明显。从各城市的均值比较来看，宁波、绍兴和丽水平均值较低，2014 年宁波、杭州、嘉兴、绍兴和衢州 4 个城市的综合利用率低于 0.9，大部分分布在浙江东北部。

5.3.8　污水集中处理率

本章中所采用的污水处理指标用来衡量一个国家或者地区污水收集处理是否完善。污水的有效处理有助于提高水资源利用率，减少人类活动对水资源的破坏，减少环境污染。污水处理率由污水处理量除以污水总量所得。浙江省 11 个城市污水处理率指标标准化结果如表 5-16 所示。

表 5-16　浙江省 11 个城市污水处理率指标标准化值

年份	浙江	杭州	宁波	温州	嘉兴	湖州	绍兴	金华	衢州	舟山	台州	丽水
2006	0.79	1.00	0.89	0.08	0.75	0.73	0.74	0.63	0.57	0.00	0.56	0.16
2007	0.72	1.10	1.01	0.21	0.87	1.10	1.06	0.90	0.62	0.75	0.68	0.35
2008	0.94	1.15	1.08	0.55	1.09	1.13	1.03	1.00	0.76	0.41	0.84	0.44
2009	1.01	1.24	0.89	0.72	1.13	1.14	1.02	0.77	0.85	0.92	0.95	0.76
2010	1.05	1.32	0.92	0.84	1.17	1.17	1.09	0.92	1.00	0.69	1.02	0.86
2011	1.33	1.33	0.96	0.94	1.18	1.21	1.12	1.10	1.03	0.79	1.12	0.94
2012	1.23	1.32	1.01	1.01	1.22	1.27	1.17	1.15	1.00	0.73	1.17	0.99
2013	1.27	1.33	1.04	1.22	1.28	1.29	1.20	1.21	1.06	0.81	1.23	1.06
2014	1.29	1.33	1.03	1.26	1.30	1.29	1.23	1.25	1.09	0.86	1.24	1.08
标准差	0.22	0.13	0.07	0.39	0.18	0.17	0.14	0.20	0.19	0.30	0.24	0.33
平均值	1.04	1.22	0.98	0.70	1.09	1.13	1.05	0.96	0.86	0.64	0.95	0.70

数据显示，浙江省在 2006—2014 年的污水集中处理率呈现不断上升的趋势，污水处理取得了明显成效。省内 11 个城市在这期间的污水处理率也都有不同程度的提高，其中温州、嘉兴、湖州、金华、舟山、台州和丽水几个城市的增长幅度都比较大，杭州、宁波的增长幅度相对较小。11 个城市中温州、丽水和舟山的标准差较大，所以处理率指标的波动幅度也较大，相对而言，宁波和杭州的波动幅度较小。横向来看，杭州的处理率平均值在所有城市中最高，嘉兴次之，舟山最低，截至 2014 年，杭州、嘉兴、湖州 3 个城市的平均值已经超过了浙江省平均水平，这些城市都处于浙北，而舟山和宁波的平均值水平较低，分布在浙江东部，可见，浙东部沿海城市需要加大力度实现

污水的有效处理。

5.4　生态民生和谐

5.4.1　城镇登记失业率

城镇登记失业率由城镇失业登记的人口数除以城市总人口数所得。充分就业是生态民生建设中的一个重要环节，因为就业是否充分会影响到社会的稳定，影响到家庭和谐和居民生活水平。城镇失业登记率指标标准化值如表 5-17 所示。

表 5-17　浙江省 11 个城市登记失业率指标标准化值

年份	浙江	杭州	宁波	温州	嘉兴	湖州	绍兴	金华	衢州	舟山	台州	丽水
2006	0.08	−0.29	−0.14	0.27	−0.13	0.20	0.05	0.14	0.28	−0.10	0.30	0.41
2007	0.08	−0.23	−0.18	0.29	−0.18	0.23	0.06	0.15	0.30	−0.11	0.27	0.42
2008	0.05	−0.14	−0.37	0.28	−0.14	0.20	−0.04	0.12	0.29	−0.14	0.22	0.42
2009	0.04	−0.17	−0.39	0.28	−0.14	0.21	−0.12	0.09	0.31	−0.09	0.22	0.44
2010	0.07	−0.04	−0.34	0.32	−0.13	0.15	−0.07	0.07	0.27	0.05	0.22	0.31
2011	0.06	0.04	−0.48	0.35	−0.22	0.19	−0.12	0.12	0.22	0.05	0.21	0.32
2012	0.02	0.11	−0.80	0.37	−0.11	0.18	−0.24	0.12	0.19	0.07	0.18	0.33
2013	0.03	0.02	−0.56	0.38	−0.10	0.17	−0.44	0.13	0.16	0.04	0.26	0.36
2014	0.02	0.02	−0.58	0.36	−0.11	0.18	−0.45	0.12	0.17	0.05	0.27	0.35
标准差	0.02	0.14	0.21	0.04	0.04	0.02	0.16	0.03	0.06	0.09	0.04	0.05
平均值	0.05	−0.09	−0.41	0.32	−0.14	0.19	−0.12	0.12	0.25	−0.03	0.24	0.38

从表 5-17 可以看出，浙江省近年来城镇登记失业率指标的标准化值不断下降，说明失业率呈现上升趋势。纵向数据显示，宁波与绍兴登记失业率指标标准化值呈下降趋势，温州、丽水、台州、衢州和湖州几个城市的指标值相对较稳定且处于较高的水平。从标准差来看，波动较大的城市有宁波、绍兴和杭州，波动较小的城市有湖州和金华。从均值来看，丽水和衢州的均值较高，宁波和嘉兴的均值较低。截至 2014 年，杭州、宁波、嘉兴和绍兴 4 个城市的指标值均低于全省总水平。其中，宁波、嘉兴和绍兴 3 个城市的指标

值为负，2014 年指标值最高的城市为温州和丽水。从空间布局分析，失业率较高的地区主要分布在浙北地区且经济相对发达城市，相反，在经济相对较落后的城市失业率指标较低。这与人口流动和就业饱和有关，在经济相对落后的城市里，大量的劳动力流向经济较发达的城市去寻找新的就业机会，于是经济发达地区会聚集较多的失业人员，导致这些地区失业率较高。

5.4.2　每万人拥有的影院、剧院数

建设生态文明，在提高人民物质生活水平的同时，还需要注重精神文化水平的提升。我们用每万人拥有的电影院、剧院数作为衡量精神文化传播基础设施建设程度的指标，将浙江省 11 个城市 2006—2014 年该指标值标准化，结果如表 5-18 所示。

表 5-18　浙江省 11 个城市每万人拥有的影院、剧院数指标标准化值

年份	浙江	杭州	宁波	温州	嘉兴	湖州	绍兴	金华	衢州	舟山	台州	丽水
2006	0.22	0.13	0.03	0.06	1.03	0.25	0.29	0.10	0.00	0.34	0.39	0.15
2007	0.24	0.49	0.03	0.04	0.75	0.25	0.29	0.06	0.05	0.20	0.36	0.15
2008	0.20	0.47	0.05	−0.02	0.71	−0.09	0.24	0.04	0.05	0.20	0.32	0.15
2009	0.13	0.12	0.15	−0.03	0.55	−0.06	0.26	0.04	0.05	0.20	0.20	0.15
2010	0.14	0.19	0.06	−0.04	0.60	−0.11	0.25	0.07	0.05	0.20	0.20	0.14
2011	0.17	0.20	0.19	0.01	0.66	−0.09	0.25	0.10	0.05	0.26	0.26	0.15
2012	0.19	0.29	0.34	−0.13	0.62	−0.09	0.19	0.08	0.15	0.26	0.27	0.37
2013	0.20	0.35	0.34	−0.13	0.50	−0.09	0.30	0.07	0.15	0.26	0.28	0.31
2014	0.21	0.36	0.35	−0.12	0.50	−0.09	0.31	0.08	0.16	0.27	0.29	0.31
标准差	0.04	0.15	0.13	0.07	0.16	0.16	0.04	0.02	0.05	0.05	0.07	0.09
平均值	0.19	0.28	0.15	−0.03	0.68	0.00	0.26	0.07	0.07	0.24	0.28	0.20

从表 5-18 可以看出，2006—2014 年，浙江省每万人拥有的电影院、剧院数先减少后又逐渐增加，2014 年的指标值低于 2006 年。11 个城市中，温州、嘉兴、金华、湖州、舟山和台州 6 个城市的指标值相比 2006 年有所降低，其中指标水平最低的是湖州。其他 5 个城市中除了绍兴都有不同程度的增长。根据标准差的比较结果，金华的指标值波动较小，而湖州和杭州的指标值波动较大。横向比较显示，均值最高的是嘉兴，最低的是温州，而且各城市之

间均值差异也较大。到 2014 年，指标值低于浙江省总水平的有温州、湖州、
金华和衢州，其余城市的指标值都高于浙江省总水平，其中嘉兴市的指标值
较高，但是出现了下降趋势。总体来看，每万人拥有的电影院、剧院数指标
值相对较高的城市大多分布在浙东北地区。

5.4.3　每百人拥有图书馆藏书量

每百人拥有图书馆藏书量是衡量一个国家或者地区文化传播力度和效果
的一个指标，也是生态文化建设的重要组成部分。浙江 11 个城市每百人拥有
藏书量指标的标准化结果如表 5-19 所示。

表 5-19　浙江省 11 个城市每百人拥有图书馆藏书量标准化值

年份	浙江	杭州	宁波	温州	嘉兴	湖州	绍兴	金华	衢州	舟山	台州	丽水
2006	0.24	0.94	0.21	0.00	0.35	0.31	0.12	0.19	0.00	0.24	−0.06	0.07
2007	0.27	1.03	0.27	0.01	0.42	0.33	0.15	0.22	0.03	0.26	−0.07	0.09
2008	0.37	1.08	0.72	0.05	0.55	0.42	0.18	0.27	0.06	0.30	−0.05	0.11
2009	0.45	1.40	0.75	0.08	0.68	0.44	0.21	0.32	0.13	0.38	−0.02	0.15
2010	0.48	1.43	0.91	0.10	0.87	0.47	0.26	0.07	0.16	0.45	0.00	0.19
2011	0.60	1.66	0.91	0.28	1.10	0.61	0.28	0.11	0.17	0.65	0.11	0.30
2012	0.74	2.05	0.90	0.62	1.33	0.44	0.33	0.17	0.22	0.71	0.20	0.20
2013	0.83	2.11	0.79	0.94	1.87	0.43	0.34	0.22	0.23	0.95	0.09	0.25
2014	0.85	2.11	0.90	0.98	1.86	0.50	0.39	0.23	0.25	0.98	0.11	0.26
标准差	0.21	0.45	0.28	0.34	0.52	0.09	0.08	0.08	0.09	0.25	0.10	0.08
平均值	0.50	1.46	0.68	0.26	0.90	0.43	0.23	0.20	0.13	0.49	0.03	0.17

从表 5-19 可以看出，2006—2014 年，浙江省每百人拥有图书馆藏书量逐
年增加，指标标准化值从 0.24 增加到 0.85，浙江省知识文化普及和宣传的力
度与效果在不断加大。纵向数据显示，浙江省内大部分城市指标值都有所提
高，金华的变化比较小，台州有几个年份出现了负值。11 个城市中杭州和嘉
兴的标准差较大，说明这两个城市指标值波动也较大，而绍兴、金华和丽水
的标准差较小，相应的指标值波动较小。横向比较结果显示，2006—2014 年，
11 个城市中，杭州的均值为最大，台州的均值最小，可以看出台州处于相对
劣势地位。截至 2014 年，11 个城市中，杭州与嘉兴两地的指标值最高，分别

为 2.11 和 1.87，台州指标值最低。与浙江省总体水平比较，宁波、湖州、绍兴、金华、衢州、台州和丽水几个城市的指标值低于浙江省平均水平，其余城市高于省平均水平，其中温州和舟山指标值小于 1，而杭州与嘉兴指标值超过 1。总的来说，指标值高于浙江省平均水平的城市分布在沿海地区，而指标值较低的几个城市分布在中西部地区。

5.4.4　城镇基本医疗保险参保率

城镇基本医疗保险是社会保险的一部分，由居民个人缴费，政府给予适当的补助，提高医疗保险参保率是生态文明建设中生态民生建设的重要方面。浙江省各城市城镇居民的基本医疗保险参保率指标的标准化结果见表 5-20。

表 5-20　浙江 11 个城市城镇基本医疗保险参保率标准化值

年份	浙江	杭州	宁波	温州	嘉兴	湖州	绍兴	金华	衢州	舟山	台州	丽水
2006	0.35	1.00	0.65	0.05	0.62	0.24	0.26	0.13	0.10	0.55	0.02	0.00
2007	0.45	1.17	0.82	0.12	0.83	0.31	0.39	0.21	0.13	0.68	0.06	0.03
2008	0.62	1.38	1.33	0.18	0.95	0.42	0.59	0.32	0.20	0.81	0.13	0.08
2009	0.69	1.52	1.53	0.27	1.14	0.49	0.70	0.27	0.25	0.64	0.19	0.11
2010	0.86	1.78	1.74	0.35	1.33	0.66	0.89	0.50	0.35	0.97	0.24	0.13
2011	1.00	2.01	1.90	0.44	1.47	0.92	1.03	0.60	0.46	1.09	0.36	0.19
2012	1.11	2.10	2.07	0.47	1.65	1.04	1.17	0.70	0.53	1.17	0.52	0.24
2013	1.23	2.34	2.18	0.50	1.87	1.22	1.33	0.81	0.57	1.23	0.56	0.26
2014	1.25	2.26	2.20	0.54	1.90	1.25	1.35	0.82	0.59	1.25	0.58	0.28
标准差	0.31	0.47	0.56	0.17	0.43	0.36	0.38	0.25	0.18	0.26	0.20	0.09
平均值	0.79	1.66	1.53	0.30	1.23	0.66	0.80	0.44	0.32	0.89	0.26	0.13

从表 5-20 可以看出，浙江省城镇医疗保险参保率从 2006 年到 2014 年逐年增长，11 个城市也分别有了相应的增长，其中宁波增长最多，增长了 1.55，丽水增长的最少为 0.28。标准差结果显示，标准差最大的城市是宁波，说明宁波参保率指标值波动最大，最小的是丽水，波动程度最小。横向数据显示，2006—2014 年，各城市的参保率指标均值最高的是杭州市，宁波次之，嘉兴第三，丽水和台州平均值相对最低。到 2014 年，11 个城市中杭州、宁波和嘉兴 3 个城市的参保率居于前列，丽水、温州和台州排在最后。与浙江省的参

保率平均水平比较，杭州、宁波、嘉兴和绍兴的指标值高于省平均值，舟山市指标值与省平均值接近，丽水、温州、台州、衢州、金华和湖州的指标值都低于省平均值。总体而言，指标值高于省平均值的城市分布在浙东北地区城市，西南地区的城市指标值相对较低。

5.4.5　职工平均工资

职工平均工资直接关系到职工的收入水平和生活水平，既能反映职工收入水平的高低，也能体现职工物质生活的满足程度。浙江省生态文明建设中的民生建设需要考虑如何大力提高人民的物质生活水平。浙江省各城市职工平均工资指标标准化结果如表 5-21 所示。

表 5-21　浙江省 11 个城市职工平均工资指标标准化值

年份	浙江	杭州	宁波	温州	嘉兴	湖州	绍兴	金华	衢州	舟山	台州	丽水
2006	0.49	1.00	0.62	0.04	0.00	0.34	0.42	0.24	0.59	0.57	0.92	0.46
2007	0.83	1.36	1.01	0.33	0.33	0.58	0.72	0.61	1.01	1.06	1.06	0.87
2008	1.13	1.73	1.30	0.69	0.65	0.87	0.79	0.88	1.31	1.58	1.13	1.34
2009	1.45	2.10	1.62	1.11	0.92	1.10	0.97	1.19	1.62	1.77	1.40	1.82
2010	1.86	2.57	2.05	1.47	1.35	1.36	1.23	1.66	2.11	2.07	1.76	2.20
2011	2.37	3.13	2.67	1.94	2.00	1.82	1.69	1.99	2.70	2.98	1.93	2.60
2012	2.86	3.32	3.31	2.52	2.53	2.33	2.26	2.42	3.16	3.41	2.40	3.34
2013	3.50	4.17	3.99	3.25	3.08	2.85	2.73	3.21	3.64	4.00	2.75	3.72
2014	3.83	4.83	5.28	3.67	3.71	3.33	3.16	3.26	4.18	4.56	3.17	4.28
标准差	1.18	1.29	1.53	1.28	1.29	1.04	0.97	1.09	1.24	1.36	0.80	1.31
平均值	2.04	2.69	2.43	1.67	1.62	1.62	1.55	1.72	2.26	2.44	1.83	2.29

从表 5-21 可以看出，浙江省的职工平均工资近几年呈现稳步增长的趋势，2006 年其指标值为 0.49，截至 2014 年，指标值提升到了 3.83。11 个城市中，舟山、宁波、丽水、温州以及杭州几个城市指标值增长较多，而台州、绍兴和湖州的指标值增长比较少。舟山和宁波的标准差较大，所以这两个城市的指标值波动也较小，台州的标准差最小，所以该城市的指标值波动最小。横向比较结果显示，2006—2014 年，杭州市的指标平均值最大，舟山次之，绍兴和嘉兴的平均值则较小。到 2014 年，浙江省 11 个城市中很多城市的指标值

超过了 3，杭州、舟山和宁波 3 个城市排在前三，绍兴、台州和嘉兴 3 个城市排在最后。与浙江省总体的平均值相较，温州、嘉兴、湖州、绍兴、金华和台州几个城市的指标值低于省平均水平。总体而言，职工平均工资较高的城市位于浙东部沿海。

5.4.6　每万人拥有的公交车数量

每万人拥有的公交车数量可以反映人们出行的便利程度。针对现在各大城市出现的道路拥挤现象，大力提倡公交出行，增加公交车数量既是解决出行困难的有效方法，又是生态文明建设的一个重要部分。浙江省 11 个城市每万人拥有的公交车数量指标标准化结果如表 5-22 所示。

表 5-22　浙江省 11 个城市每万人拥有的公交车数量指标标准化值

年份	浙江	杭州	宁波	温州	嘉兴	湖州	绍兴	金华	衢州	舟山	台州	丽水
2006	0.68	0.95	1.00	0.98	0.57	0.33	0.99	0.50	0.43	0.18	0.00	0.01
2007	0.76	1.07	1.04	1.09	0.73	0.37	0.93	0.55	0.44	0.34	0.03	0.08
2008	0.90	1.43	1.15	1.08	0.79	0.39	1.02	0.58	0.47	0.41	0.09	0.20
2009	1.00	1.66	1.23	1.10	0.88	0.37	1.06	0.60	0.48	0.70	0.09	0.19
2010	0.98	1.46	1.32	1.17	0.97	0.38	0.93	0.75	0.56	0.66	0.08	0.26
2011	0.98	1.49	1.45	1.05	0.98	0.37	0.82	0.40	0.55	0.68	0.08	0.52
2012	0.99	1.45	1.56	1.31	1.00	0.35	0.93	0.46	0.03	0.68	0.14	0.38
2013	0.99	1.60	1.73	1.20	0.97	0.38	0.42	0.38	0.06	0.62	0.30	0.50
2014	0.99	1.42	1.74	1.23	0.99	0.41	0.58	0.30	0.21	0.89	0.23	0.54
标准差	0.26	0.40	0.41	0.32	0.26	0.11	0.28	0.17	0.19	0.23	0.09	0.18
平均值	0.85	1.29	1.25	1.04	0.81	0.34	0.80	0.47	0.35	0.54	0.11	0.29

从表 5-22 可以看出，浙江省平均每万人公交车拥有量指标先上升，然后保持平稳，最高为 2009 年，从 2010 年开始，该指标值维持在 1 左右。纵向比较，杭州、宁波、温州 3 个城市从 2007 年开始指标值超过 1，而丽水、台州、衢州和湖州几个城市的指标值有多年小于 0.5。宁波和杭州这几年增长程度最高，而绍兴、台州和衢州则出现了负增长现象。宁波的标准差最大，指标值波动相应比较大，而湖州和台州的标准差较小，所以指标值历年来比较平稳。

横向比较,到 2014 年,只有温州、宁波、杭州 3 个城市的指标值高于省平均值,其他城市的指标值都低于省平均值,衢州、金华和绍兴还出现了负增长现象。总体来看,分布在浙西部的大部分城市指标值偏低,而杭州、宁波和温州 3 个经济较发达的城市指标值较高,分布趋势是由东向西逐渐降低。

5.4.7 互联网普及率

互联网的普及可以为人民带来大量的知识信息,引起产业变革。城市互联网建设与普及能够引导地方经济格局的变化,改变人们的生活方式和生活习惯。本章所采取的浙江省互联网普及率指标是浙江省各城市互联网接入的总户数与总人口的比值。浙江省各城市互联网普率及指标标准化值见表 5-23。

表 5-23 浙江省 11 个城市互联网普及率指标标准化值

年份	浙江	杭州	宁波	温州	嘉兴	湖州	绍兴	金华	衢州	舟山	台州	丽水
2006	0.46	1.00	0.80	0.63	0.53	0.14	0.20	0.14	0.08	0.57	0.19	0.00
2007	0.62	0.94	1.90	0.50	0.64	0.25	0.36	0.33	0.15	0.62	0.19	0.04
2008	0.86	1.05	2.98	0.65	0.78	0.43	0.49	0.49	0.05	0.81	0.31	0.08
2009	1.42	1.55	1.53	3.85	1.02	0.73	0.84	0.81	0.10	1.11	0.56	0.14
2010	1.19	1.97	1.84	1.24	1.31	0.99	0.90	1.06	0.27	1.36	0.70	0.31
2011	1.51	2.20	2.70	1.28	1.60	1.12	1.42	1.40	0.42	1.64	1.03	0.47
2012	1.73	2.56	2.60	1.48	2.03	1.31	1.73	1.70	0.65	1.98	1.20	0.67
2013	2.10	3.21	2.83	1.80	2.46	1.91	1.88	2.21	0.86	2.37	1.50	0.87
2014	2.23	3.50	3.10	2.31	2.59	2.51	1.97	2.46	1.01	2.59	1.86	0.98
标准差	0.56	0.82	0.76	1.08	0.69	0.60	0.64	0.72	0.30	0.65	0.49	0.32
平均值	1.24	1.81	2.15	1.43	1.30	0.86	0.98	1.02	0.32	1.31	0.71	0.32

从表 5-23 可以看出,浙江省互联网普及率总体趋势是逐年上升,2009 年互联网接入的总户数急剧上升,但是人口总数却没有同比例增长,所以这一年出现了互联网普及率突然增加的现象,2010 年全省的互联网接入的总户数有所下降,所以互联网普及率指标出现了回落现象。到 2014 年,全省的互联网普及率为 2.23,比 2006 年增长了 1.77。11 个城市的互联网普及率都有不同程度的增加,其中杭州、宁波、和金华 3 个城市的增长大于 2,丽水和衢州两地的增长小于 1。由标准差结果可知,指标值波动最大的是宁波,波动最小的

是丽水。横向比较结果显示，2006—2014 年，宁波和杭州两市的指标平均值居于前列，互联网普及工作成效突出，而丽水的平均值最小。到 2014 年，普及率指标值最高的 3 个城市为杭州、宁波和嘉兴，共有 6 个城市的指标值低于省平均水平，即温州、湖州、绍兴、衢州、台州和丽水。从空间布局分析可以看出，互联网普及率较高的城市主要分布在浙东北部及沿海地带，而浙西部城市，如丽水与衢州则有着较低的互联网普及率。

5.4.8　教育经费占地方财政总支出

教育是生态文明建设的重要部分，教育经费投入的多少反映了一个国家或者地区对教育事业的重视和政府的支持力度。

浙江省 11 个城市教育经费占地方财政总支出的比重的指标值标准化结果见表 5-24。

表 5-24　浙江省 11 个城市教育经费/地方财政支出指标标准化值

年份	浙江	杭州	宁波	温州	嘉兴	湖州	绍兴	金华	衢州	舟山	台州	丽水
2006	0.50	0.23	0.00	0.89	0.80	0.60	0.65	0.98	0.87	0.17	1.00	0.77
2007	0.72	0.52	0.28	1.19	1.01	0.82	0.89	1.11	1.02	0.16	1.16	0.84
2008	0.68	0.43	0.23	1.27	0.97	0.71	0.86	1.14	0.88	0.00	1.09	0.84
2009	0.63	0.42	0.22	1.25	0.77	0.61	0.85	1.08	0.55	0.01	1.10	0.55
2010	0.55	0.39	0.19	1.10	0.76	0.61	0.66	0.87	0.65	−0.09	0.90	0.44
2011	0.61	0.43	0.26	1.08	0.90	0.73	0.81	1.07	0.77	−0.14	0.93	0.49
2012	0.75	0.52	0.38	1.20	1.05	0.81	0.98	1.20	0.83	0.09	1.12	0.79
2013	0.66	0.54	0.27	1.19	0.92	1.04	0.85	0.95	0.66	−0.05	0.94	0.61
2014	0.68	0.58	0.29	1.19	0.98	1.01	0.90	0.98	0.80	−0.06	0.98	0.65
标准差	0.08	0.10	0.11	0.12	0.11	0.15	0.11	0.11	0.15	0.11	0.10	0.16
平均值	0.64	0.44	0.23	1.15	0.90	0.74	0.82	1.05	0.78	0.02	1.03	0.67

从表 5-24 可以看出，2006—2014 年，浙江省教育经费占比指标值波动幅度不大，2006 年指标值最低，到 2012 年指标值达到最高，之后又有所下降。根据标准差的比较，湖州、衢州和丽水的标准差比其他城市大，波动幅度也较大，其余城市的指标值波动幅度相差不多。

横向数据比较，2006—2014 年，温州、金华和台州 3 个城市的指标平均值居于前列，舟山、宁波以及杭州的平均值则较落后。到 2014 年，教育经费投入占比指标值最高的城市是温州，最低的城市是舟山，11 个城市中，杭州、宁波、舟山和丽水 4 个城市的指标值低于全省平均水平。从空间格局分析，杭州、宁波等经济较发达的城市在教育经费投入所占比重偏低，丽水作为经济相对不发达的城市，该比重也偏低，由此看出浙江省教育经费投入的比重表现为"两头小，中间大"的布局。

5.4.9　科技投入占地方财政总支出比重

科技投入的多少能够反映一个国家或者地区对于当地科技发展、科技创新的重视程度。科技投入的增加可以带动科技创新产出与科技成果转化。加大科技投入、促进科技创新也是生态文明建设的重要组成部分。

浙江省 11 个城市科技投入占地方财政总支出比重的指标值标准化结果见表 5-25。

表 5-25　浙江省 11 个城市科技投入占财政总支出的比重标准化值

年份	浙江	杭州	宁波	温州	嘉兴	湖州	绍兴	金华	衢州	舟山	台州	丽水
2006	0.30	0.10	0.05	0.35	1.00	0.33	0.76	0.35	0.00	0.19	0.39	0.59
2007	4.77	5.09	5.86	3.11	5.46	4.72	5.62	5.30	3.22	3.53	3.41	3.05
2008	4.86	6.35	4.95	2.93	5.44	4.53	6.16	5.61	3.42	3.05	3.56	2.95
2009	4.75	6.47	4.67	2.97	5.16	4.11	6.63	5.31	3.00	3.41	3.51	2.35
2010	4.87	6.75	5.20	2.78	5.35	3.95	6.17	5.02	3.44	3.06	3.47	2.26
2011	4.87	6.74	5.30	2.52	5.59	4.14	7.05	4.98	3.47	2.33	2.75	2.45
2012	5.26	7.43	5.55	2.86	5.71	4.27	6.86	5.43	3.55	2.94	3.72	2.72
2013	5.42	7.89	5.69	2.99	5.65	5.04	7.39	5.32	4.10	2.74	3.62	2.49
2014	5.56	7.99	5.98	3.12	5.96	5.87	7.86	5.56	4.75	2.89	3.65	2.61
标准差	1.67	2.47	1.90	0.91	1.59	1.48	2.12	1.76	1.26	1.06	1.12	0.77
平均值	4.39	5.85	4.66	2.56	4.92	3.89	5.83	4.67	3.03	2.66	3.05	2.36

从表 5-25 可以看出，浙江省科技投入占比指标值呈现逐年增长趋势，中间略有波动，其中，2006—2007 年大幅度增长，随后几年里增速变缓。到 2014年达到 5.56。纵向数据结果表明，省内各城市的科技投入占比指标在整体上都呈现出递增的趋势，表明各城市越来越重视对科技的投入。标准差结果表明，杭州与宁波两个城市的指标值波动比较大且杭州指标值增加的最多，而丽水和温州两市的指标值波动则较小，丽水市的指标值增加也最少。

横向比较结果显示，2006—2014 年，杭州与绍兴的平均值较大，丽水和温州两市的均值较小。到 2014 年，科技投入占比指标值居于首位的是杭州，丽水排在最后。杭州、宁波、嘉兴与绍兴 4 个城市的科技投入占比指标值高于浙江省平均水平，其余城市都低于省平均水平。各城市之间科技投入占比的差异比较大，这个现象恰好与教育投入占比的结果相反，这也体现了各城市在教育与科技投入方面各有侧重点。

从空间布局分析，杭州与宁波等经济较发达的城市，科技投入占比相应较高，而丽水等经济相对落后的城市科技投入占比也较低。经济发展水平和科技投入之间存在着一定的相关关系。科技投入占比较高的城市主要位于浙东北沿海地带，浙西南地带科技投入占比相对较低。

5.5　小　结

本章对浙江省以及省内 11 个城市分别就评价指标体系里的每个指标进行了历年数据变迁的分析，通过分析可以看出，随着时间的推移，各城市在每个评价指标中都有不同表现，其中，大部分正向指标都有明显的上升趋势，逆向指标有下降趋势。浙江省各城市在各指标上表现出了明显的地域差异，在生态文明建设过程中各有侧重点。

参考文献

[1]　杜宇，刘俊昌. 生态文明建设评价指标体系研究[J]. 科学管理研究，2009，6（3）：60-63.

[2]　关琰珠，郑建华，庄世坚. 生态文明指标体系研究[J]. 中国发展，2007（6）：21-27.

[3]　郝佳. 基于生态安全的新疆产业结构优化研究[D]. 石河子：石河子大学，2012.

[4]　胡广. 浙江省生态文明建设评价指标体系研究[D]. 杭州：浙江理工大学，2016.

[5]　刘薇. 北京市生态文明建设评价指标体系研究[J]. 国土资源科技管理，2014（1）：1-8.

[6]　王文清. 生态文明建设评价指标体系研究[J]. 江汉大学学报：人文科学版，2011，10
　　（5）：16-19.

[7]　张欢，成金华. 湖北省生态文明评价指标体系与实证评价[J]. 南京林业大学学报：人
　　文社会科学版，2013（3）：44-53.

[8]　浙江省统计局课题组. 浙江省生态文明建设评价指标体系研究和 2011 年评价报告[J].
　　统计科学与实践，2013（2）：4-8.

[9]　周江梅，翁伯琦. 生态文明建设评价指标与其体系构建的探讨[J]. 农学学报，2012，
　　2（10）：19-25.

第 6 章
浙江省生态文明建设水平综合评价

本章首先确定浙江省生态文明建设指标体系中各指标层各个评价指标的权重，再按照前述标准化后的指标值通过加权平均计算测量浙江省以及 11 个城市 2006—2014 年生态经济发展、生态资源条件、生态环境治理和生态民生和谐水平，对浙江省及 11 个城市的生态文明建设绩效进行综合评价。进一步从系统的协调性角度，探讨浙江省生态文明建设过程中各系统之间相互均衡与协调发展的现状。

6.1　指标权重的确定

多指标综合评价是运用多个指标对多个参评单位进行评价的方法，主要是将多指标转化为一个能够反映综合情况的指标来进行评价，指标权重确定方法有主观赋值法和客观赋值法，主观赋值法依据评价者主观意愿决定权重，如层次分析法、德尔菲法、模糊评价法等，客观赋值法则是依据客观数据信息来确定权重，如熵值法、主成分分析法、数据包络分析法等。其中，熵值法主要是通过对指标的原始数据测算来判断某一个现象（或者指标信息）的随机性、无序程度，并以此为基础确定该指标对整体综合评价的影响程度。由于是利用评价指标的固有信息来判别指标的效用价值，所以熵值法在一定程度上避免了主观因素带来的偏差。遵循客观性原则，而且考虑到我们的样本既有历年数据，又有各城市之间的横向比较，所以本书采用熵值法确定各指标的权重。

6.1.1　熵值法的计算原理

信息熵是来源于信息论中用来表示系统有序程度的一个指标，其值表示为 $H(x) = -\sum_{i=1}^{n} p(x_i) \ln p(x_j)$，一个系统的有序程度越高，信息熵就越大，那么这个系统反映的信息效用就越小；相反，如果系统内部无序程度很高，则对应的信息熵就越小，该系统所反映的信息效用也就较大。

设有 m 个样本，n 项评价指标，形成原始指标数据矩阵 $\boldsymbol{X} = (x_{ij})_{m \times n}$，对于某项指标 x_j，指标值的差距越大，表明该指标所提供的信息越多，信息效用值越大，而取值相差不大或者取值几乎相同的指标所提供的信息就比较少，提供的信息效用值就会比较小。

根据信息熵的结果确定每个指标所提供的信息效用值的差异程度，再求指标权重。

用熵值法计算权重的基本步骤如下：

（1）将各指标数据标准化。原始指标 x_{ij} 可以分为正向指标和负向指标，把极值作为理想值，即令 $M_j = \max(x_{ij})$，$m_j = \min(x_{ij})$，以 x_{ij}^* 为 x_{ij} 表示原始数据和理想值之间的接近程度。对于正向指标，记 M_j 为其理想值，则 $x_{ij}^* = x_{ij} / M_j$，对于负向指标，记 m_j 为其理想值，则 $x_{ij}^* = m_j / x_{ij}$。原始数据的标准化值表示为：$y_{ij} = x_{ij}^* / \sum_{i=1}^{m} x_{ij}^*$。

（2）求信息熵、效用值。第 j 个指标的信息熵计算公式为 $e_j = -k \sum_{i=1}^{m} y_{ij} \ln y_{ij}$，其中，$k$ 为常数，如果 x_{ij} 对于给定的 j 都相等，此时其信息熵最大，那么 $y_{ij} = 1/m$，e 取极大值。令 $k = 1/\ln m$，则有 $0 \leqslant e_j \leqslant 1$。该指标的效用值公式为：$d_j = 1 - e_j$。

（3）计算指标权重。某项指标的信息效用值越高，则对于评价的重要性就越大，则第 j 项指标的权重为：$w_j = d_j / \sum_{j=1}^{n} d_j$。

按照表 4-12 已筛选好的指标及原始数据，利用熵值法确定各指标的权重，见表 6-1。

表 6-1　浙江省生态文明建设评价指标体系及指标权重

目标层	系统层	指标层	单位	指标属性（正/逆）	权重/%
浙江省生态文明指数	生态经济发展	GDP	万元	正	10.86
		人均 GDP	元	正	5.98
		第三产业产值所占比例	%	正	6.18
		工业企业销售利税率	%	正	5.74
	生态资源条件	建成区绿化覆盖率	%	正	0.88
		人均公园绿地面积	m²/人	正	6.67
		人均水资源	万 t/百人	正	9.49
		人均耕地面积	hm²/千人	正	2.30
	生态环境治理	每万元 GDP 二氧化硫排放量	kg/万元	逆	4.51
		每万元 GDP 水耗	t/万元	逆	5.03
		每万元 GDP 能耗	kW·h/万元	逆	1.46
		工业二氧化硫处理率	%	正	3.54
		工业粉尘去除率	%	正	0.03
		一般工业固体废物综合利用率	%	正	0.05
		污水处理厂集中处理率	%	正	0.93
		生活垃圾无害化处理率	%	正	0.16
	生态民生和谐	城镇登记失业率	‰	逆	2.23
		职工平均工资	元	正	3.37
		每百人公共图书馆藏书	册	正	3.95
		每万人拥有的剧场、电影院数	个	正	5.61
		每万人拥有的公交车量	辆	正	3.67
		城镇基本医疗保险参保率	%	正	8.84
		互联网普及率	%	正	4.54
		教育支出占地区财政总支出比重	%	正	0.65
		科技支出占地区财政总支出比重	%	正	3.34

6.1.2　各系统综合评价指数值的确定

为了反映一个国家或地区生态文明建设状态，我们按表 4-12 中的指标体系，分别提出了各个维度相应的衡量指数：生态经济发展指数、生态资源条件指数、生态环境治理指数、生态民生和谐发展指数，并按表 6-1 中确定的权重加权平均求出各地区 2006—2014 年每个维度的指数值和生态文明建设总指数。各指数计算方法如下：

用第 j 项指标权重 w_j 与标准化矩阵中第 i 个样本第 j 项评价指标接近度 x_{ij}^* 的乘积作为 x_{ij} 的评价值 f_{ij}，即 $f_{ij} = w_j \cdot x_{ij}^*$。

第 i 个样本的评价值为 $f_i = \sum_{j=1}^{n} f_{ij}$，即 $f_i = \sum_{j=1}^{n} w_j x_{xj}^*$。显然，$f_i$ 越大，对应样本的综合评价值结果越好。

最终可以通过比较所有 f_i 的数值，得出研究所需要的评价结论。

6.2　浙江省生态文明建设水平综合评价结果

根据 6.1.2 给出的计算原理，获得浙江省以及各城市 2006—2014 年生态文明建设综合指数、生态经济发展指数、生态资源条件指数、生态环境治理指数、生态民生和谐指数。为进一步了解浙江省生态文明建设各个子系统发展情况，分别测算了各子系统逐年增长率和年平均增长率。

如表 6-2 所示，2006—2014 年浙江省生态文明建设各系统指数都有相应的增长，有 5 个城市生态文明建设总指数增长态势较好，其中杭州总指数从 0.69 提高到 1.31，宁波总指数从 0.58 提高到 1.15，嘉兴从 0.58 上升到 1.10；金华从 0.49 提高到 1.08，舟山从 0.44 提高到 1.02；其他几个城市也都有不同程度的提升，表明浙江省以及各城市生态文明建设的各种措施取得了相当显著的效果。

表 6-2　浙江省生态文明建设综合评价总指数

年份	总指数											
	浙江	杭州	宁波	温州	嘉兴	湖州	绍兴	金华	衢州	舟山	台州	丽水
2006	0.75	0.69	0.58	0.47	0.58	0.50	0.55	0.49	0.46	0.44	0.42	0.55
2007	0.89	0.82	0.73	0.55	0.64	0.59	0.63	0.60	0.49	0.55	0.51	0.56
2008	0.99	0.95	0.83	0.56	0.68	0.61	0.68	0.67	0.54	0.58	0.58	0.56
2009	1.05	0.99	0.83	0.66	0.75	0.63	0.71	0.68	0.56	0.65	0.62	0.60
2010	1.18	1.09	0.90	0.64	0.81	0.67	0.75	0.75	0.66	0.70	0.71	0.73
2011	1.27	1.14	0.96	0.71	0.86	0.74	0.80	0.73	0.60	0.77	0.66	0.59
2012	1.39	1.27	1.03	0.82	0.94	0.78	0.87	0.80	0.69	0.85	0.74	0.75
2013	1.42	1.27	1.04	0.78	1.00	0.81	0.82	0.86	0.65	0.85	0.73	0.71
2014	1.60	1.31	1.15	0.93	1.10	0.89	0.98	1.08	0.84	1.02	0.79	0.93
平均值	1.17	1.06	0.90	0.68	0.82	0.69	0.75	0.74	0.61	0.71	0.64	0.67
标准差	0.27	0.21	0.18	0.15	0.18	0.12	0.13	0.17	0.12	0.18	0.12	0.12
极差	0.85	0.62	0.57	0.46	0.53	0.40	0.43	0.59	0.38	0.59	0.37	0.37

　　横向数据显示，浙江省各城市生态文明建设不均衡，2006 年生态文明建设指数最高的城市为杭州，最低的城市为台州。发展到 2014 年年底，生态文明建设指数最高的城市仍然是杭州，最低的城市依然是台州。标准差显示，浙江 11 个地区中波动较大的地区为杭州、宁波和舟山，波动较小的地区为湖州、台州、丽水与衢州。从均值看，11 个地区中，均值从大到小排序为杭州、宁波、嘉兴、绍兴、金华、舟山、湖州、温州、丽水、台州、衢州。

　　将 2014 年 11 个城市的综合评价指数值排序，排名靠前的大部分是浙江东北部地区，排名靠后的大多是浙西南地区，因此，浙江省生态文明建设总体水平从东到西呈现逐步降低趋势，见表 6-3。

表 6-3　2014 年浙江省各城市生态文明建设水平综合评价排序

指标	杭州	宁波	温州	嘉兴	湖州	绍兴	金华	衢州	舟山	台州	丽水
综合	1.68	1.50	1.33	1.51	1.33	1.37	1.48	1.27	1.41	1.20	1.36
排序	1	2	7	3	9	6	4	10	5	11	8

　　但是，无论是逐年增长率，还是年平均增长率，4 个子系统指数增长的差异都比较大。浙江省生态文明建设总指数从 0.750 逐年提高到 1.595，其

中 2006—2007 年增长较快，2007—2013 年增长相对平缓，在 2014 年又出现了较大的增长；生态经济发展指数在历年所有的指数中居于最高水平，从 1.152逐年提高到 2.842，其中该指数的增长率在 2010 年达到最大，2014 年最小；生态民生和谐指数值仅次于生态经济发展指数，历年都位于第二，从 0.916 提高到了 2.232，其中 2007 年和 2014 年的增长率相对比较高；生态资源条件指数在所有的指数中水平最低，从 2006 年的 0.476 提升到 2014 年的 0.624，增长率也较小，而且该指数在 2011 年和 2013 年还分别出现了下降趋势；生态环境治理指数值略高于生态资源条件指数值，但是也处于较低水平，历年都低于生态经济发展指数和生态民生和谐指数，从 2006 年的 0.457 提高到 2014 年的 0.683，且在 2013 年出现了下降趋势。

　　结果见表 6-4 和图 6-1。

表 6-4　浙江省生态文明建设各子系统评价指数

指标	2006 年	2007 年	2008 年	2009 年	2010 年	2011 年	2012 年	2013 年	2014 年
生态文明总指数	0.750	0.888	0.986	1.051	1.175	1.269	1.392	1.417	1.595
生态经济发展指数	1.152	1.354	1.538	1.643	1.934	2.251	2.441	2.662	2.842
生态资源条件指数	0.476	0.488	0.504	0.537	0.625	0.526	0.664	0.595	0.624
生态环境治理指数	0.457	0.535	0.627	0.654	0.741	0.780	0.822	0.664	0.683
生态民生和谐指数	0.916	1.175	1.276	1.371	1.402	1.521	1.638	1.746	2.232

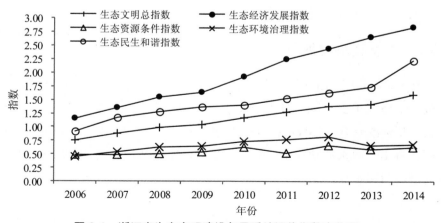

图 6-1　浙江省生态文明建设各子系统评价指数变化图

逐年增长率比较的基数为上一年的值，增长率的大小受上一年数据的影响，所以还可从年均增长率角度分析 2006—2014 年各指数总体增长情况。计算结果显示，这期间年均增长率最高的是生态经济发展指数，其次是生态民生和谐指数，生态环境治理指数第三，最低的是生态资源条件指数。总指数年均增长率为 8.742%，4 个系统中，生态经济发展指数和生态民生和谐指数年均增长率都超过这个水平，其余两个都低于水平增长率。可以看出，2006—2014 年浙江省生态文明建设综合水平得到很大提升，取得了较为显著的效果，其中生态经济发展与生态民生和谐工作起主要的推动作用，相对而言，资源环境保护和生态环境治理工作方面还需要继续加大投入力度与提高工作成效，以进一步提高生态文明整体水平。结果见表 6-5。

表 6-5　浙江省生态文明建设各子系统评价指数增长率　　　　单位：%

指标	2007 年	2008 年	2009 年	2010 年	2011 年	2012 年	2013 年	2014 年	年均增长率
生态文明总指数	18.342	11.076	6.578	11.808	7.984	9.631	1.816	12.606	8.742
生态经济发展指数	17.543	13.600	6.815	17.704	16.374	8.461	9.057	6.762	10.555
生态资源条件指数	2.449	3.295	6.557	16.344	−15.913	26.398	−10.512	4.974	3.045
生态环境治理指数	17.023	17.211	4.280	13.205	5.324	5.427	−19.222	2.837	4.558
生态民生和谐指数	28.274	8.603	7.429	2.296	8.468	7.722	6.585	27.831	10.405

6.3　浙江省生态文明建设各维度分析

6.3.1　生态经济发展

如表 6-6 所示，浙江省生态经济水平从 2006 年到 2014 年逐步上升，评价指数从 1.15 上升到 2.84。11 个城市整体呈现不断上升趋势，都有不同程度的增长。从标准差看，各城市标准差差异较大，其中以杭州与宁波的波动较大，衢州、舟山、丽水波动较小。从极差值看，宁波和杭州的增长较多，增长较少的是衢州和丽水。

表 6-6　浙江省各城市生态经济发展水平评价指数

指标	浙江	杭州	宁波	温州	嘉兴	湖州	绍兴	金华	衢州	舟山	台州	丽水
2006 年	1.15	0.42	0.38	0.25	0.25	0.19	0.27	0.21	0.14	0.16	0.23	0.12
2007 年	1.35	0.47	0.45	0.28	0.29	0.21	0.30	0.24	0.16	0.20	0.25	0.14
2008 年	1.54	0.55	0.48	0.30	0.29	0.23	0.33	0.26	0.16	0.21	0.27	0.15
2009 年	1.64	0.56	0.51	0.32	0.30	0.23	0.35	0.27	0.17	0.22	0.29	0.15
2010 年	1.93	0.64	0.58	0.36	0.35	0.26	0.41	0.31	0.20	0.28	0.33	0.21
2011 年	2.25	0.73	0.66	0.40	0.39	0.30	0.47	0.36	0.24	0.30	0.36	0.24
2012 年	2.44	0.80	0.71	0.41	0.41	0.31	0.50	0.37	0.24	0.31	0.38	0.25
2013 年	2.66	0.91	0.84	0.46	0.49	0.36	0.54	0.42	0.25	0.33	0.41	0.24
2014 年	2.84	0.74	0.81	0.47	0.47	0.36	0.55	0.43	0.25	0.32	0.43	0.27
平均值	1.98	0.65	0.60	0.36	0.36	0.27	0.41	0.32	0.20	0.26	0.33	0.20
标准差	0.60	0.16	0.16	0.08	0.09	0.06	0.11	0.08	0.04	0.06	0.07	0.06
极差	1.69	0.49	0.45	0.22	0.24	0.17	0.29	0.21	0.12	0.17	0.20	0.15

　　横向数据显示，2006—2014 年，11 个城市的生态经济建设指标均值，杭州数值最大，宁波和绍兴次之，衢州和丽水最小。发展到 2014 年，浙江省 11 个城市中生态经济建设指标值发生了一定的变化，宁波为最大，衢州为最小。从地域分布来看，2014 年生态经济发展水平指数较高的是宁波、杭州和绍兴，大于 0.5，主要分布在东北部沿海地区，而指数值较低的是衢州、丽水，指数值分别为 0.25、0.27，主要分布在西部地区。

6.3.2　生态资源条件

　　如表 6-7 所示，浙江省生态资源条件评价指数 2006—2014 年从 0.48 逐步增长到 0.62，整体增长幅度 0.19。纵向数据表明，杭州、湖州、丽水 3 个城市的变化幅度较大，宁波、金华、台州增长幅度比较小。从标准差看，11 个城市中丽水波动较大，宁波、嘉兴、金华、台州等城市波动较小。

表 6-7　浙江省各城市生态资源条件评价指数

指标	浙江	杭州	宁波	温州	嘉兴	湖州	绍兴	金华	衢州	舟山	台州	丽水
2006 年	0.48	0.63	0.46	0.37	0.39	0.48	0.44	0.40	0.64	0.45	0.32	0.97
2007 年	0.49	0.68	0.49	0.36	0.42	0.56	0.48	0.39	0.52	0.60	0.35	0.80
2008 年	0.50	0.80	0.48	0.29	0.45	0.61	0.48	0.41	0.61	0.67	0.37	0.73
2009 年	0.54	0.85	0.50	0.32	0.50	0.66	0.51	0.42	0.61	0.67	0.40	0.82
2010 年	0.63	0.93	0.52	0.38	0.51	0.75	0.53	0.54	0.86	0.68	0.47	1.23
2011 年	0.53	0.89	0.47	0.30	0.50	0.74	0.50	0.41	0.62	0.66	0.36	0.66
2012 年	0.66	1.01	0.57	0.47	0.56	0.81	0.59	0.52	0.86	0.76	0.46	1.13
2013 年	0.59	0.93	0.51	0.44	0.53	0.73	0.64	0.41	0.61	0.72	0.42	0.87
2014 年	0.62	0.98	0.52	0.47	0.53	0.74	0.63	0.45	0.75	0.73	0.42	0.99
平均值	0.56	0.86	0.50	0.38	0.49	0.68	0.53	0.44	0.67	0.66	0.40	0.91
标准差	0.07	0.13	0.03	0.07	0.06	0.11	0.07	0.06	0.12	0.09	0.05	0.19
极差	0.19	0.38	0.12	0.19	0.17	0.33	0.21	0.16	0.34	0.30	0.15	0.57

横向数据来看，2006—2014 年，各城市均值相差不是很大，其中丽水、杭州均值较高，台州和温州较低。2006 年资源条件指数水平最高的城市为丽水，其次是杭州，最低的城市为台州，到 2014 年依然维持这种状况。

截至 2014 年，生态资源条件指标值超过浙江省平均水平的有杭州、湖州、绍兴、衢州、舟山、丽水，低于平均水平的有宁波、温州、嘉兴、金华、台州。从地域分布来看，生态资源条件指标较高的主要分布在沿海地区，较低的主要分布在西部地区，除丽水外，浙江省生态资源环境水平各地相对比较平衡。

6.3.3　生态环境治理

数据显示，浙江省生态环境治理的水平维持在比较稳定状态，2006—2014 年从 0.46 逐步增长到 0.68，整体增长幅度不大。纵向数据表明，杭州、宁波、湖州、绍兴、衢州的变化幅度不大，温州、金华、舟山、台州增长幅度比较大。从标准差看，11 个城市中大部分城市指标值在这几年间波动不大，其中温州、金华、台州波动较大，宁波、衢州、湖州、丽水等城市波动较小。横向数据表明，2006—2014 年，各城市均值比较集中，其中金华均值最高，台州次之，丽水较低，2006 年生态环境治理综合水平最低的城市为舟山，较高的城市为宁波、绍兴、金华，2014 年最高的城市为金华，其次为台州，最低的城市为绍兴。截至 2014 年，生态环境治理指标值超过浙江省平均水平的城市为宁波、温州、金华、台州，其余城市低于浙江省平均水平。从地域分布来看，指标值较高的主要分布在沿海地区，较低的主要分布在西部地区。结果见表 6-8。

表 6-8　浙江省各城市生态环境治理评价指数

指标	浙江	杭州	宁波	温州	嘉兴	湖州	绍兴	金华	衢州	舟山	台州	丽水
2006 年	0.46	0.48	0.50	0.39	0.43	0.47	0.54	0.56	0.37	0.26	0.36	0.39
2007 年	0.54	0.51	0.61	0.52	0.41	0.52	0.57	0.73	0.40	0.34	0.56	0.43
2008 年	0.63	0.62	0.68	0.58	0.48	0.57	0.62	0.92	0.46	0.34	0.76	0.45
2009 年	0.65	0.64	0.71	0.59	0.62	0.55	0.61	0.89	0.51	0.50	0.88	0.49
2010 年	0.74	0.74	0.77	0.64	0.66	0.54	0.68	0.99	0.55	0.52	1.07	0.56
2011 年	0.78	0.76	0.75	0.88	0.66	0.67	0.73	0.96	0.48	0.71	0.89	0.43
2012 年	0.82	0.85	0.79	0.97	0.74	0.72	0.81	0.99	0.63	0.80	0.94	0.48
2013 年	0.66	0.59	0.66	0.69	0.76	0.70	0.50	1.23	0.61	0.72	0.85	0.52
2014 年	0.68	0.50	0.70	0.74	0.82	0.58	0.47	1.38	0.64	0.83	0.89	0.59
平均值	0.66	0.63	0.69	0.67	0.62	0.59	0.61	0.96	0.52	0.56	0.80	0.48
标准差	0.11	0.13	0.09	0.18	0.15	0.09	0.11	0.24	0.10	0.21	0.21	0.07
极差	0.36	0.37	0.28	0.58	0.41	0.26	0.34	0.82	0.27	0.57	0.71	0.20

6.3.4　生态民生和谐

如表 6-9 所示，浙江省生态民生建设指标值逐步增长，2006—2014 年，生态民生和谐指数增加了 1.32。纵向数据显示，浙江省各城市的民生和谐指数都有明显的增长，说明构建和谐社会已经成为人类社会发展的重要部分，逐步引起全社会的关注。从标准差来看，波动最大的为杭州，其次为宁波，最小的为台州。杭州和宁波增量最大，杭州增量为 1.80，宁波增量为 1.62。从均值来看，2006—2014 年，均值最大的为杭州，其次为嘉兴和宁波，最小的为衢州和台州。

表 6-9　浙江省各城市生态民生和谐评价指数

指标	浙江	杭州	宁波	温州	嘉兴	湖州	绍兴	金华	衢州	舟山	台州	丽水
2006 年	0.92	1.24	0.96	0.89	1.24	0.84	0.95	0.78	0.70	0.88	0.77	0.74
2007 年	1.17	1.64	1.37	1.03	1.43	1.08	1.19	1.03	0.88	1.04	0.89	0.88
2008 年	1.28	1.83	1.68	1.05	1.51	1.03	1.27	1.10	0.91	1.09	0.92	0.93
2009 年	1.37	1.92	1.61	1.43	1.56	1.08	1.37	1.13	0.93	1.20	0.91	0.94
2010 年	1.40	2.05	1.75	1.19	1.73	1.12	1.39	1.17	1.01	1.30	0.96	0.92
2011 年	1.52	2.20	1.95	1.27	1.89	1.26	1.51	1.21	1.06	1.42	1.04	1.05
2012 年	1.64	2.42	2.07	1.43	2.05	1.28	1.59	1.32	1.05	1.54	1.18	1.15
2013 年	1.75	2.63	2.15	1.55	2.23	1.43	1.59	1.40	1.12	1.64	1.26	1.20
2014 年	2.23	3.04	2.58	2.05	2.60	1.90	2.25	2.04	1.73	2.23	1.41	1.85
平均值	1.48	2.11	1.79	1.32	1.80	1.22	1.46	1.24	1.04	1.37	1.04	1.07
标准差	0.38	0.54	0.47	0.35	0.43	0.30	0.36	0.35	0.29	0.40	0.21	0.32
极差	1.32	1.80	1.62	1.16	1.36	1.06	1.30	1.26	1.03	1.35	0.64	1.11

横向数据来看，2006 年 11 个城市中生态民生和谐指数最小的为衢州，最大的为杭州。截至 2014 年，杭州生态民生和谐指数仍然是最高，台州最低。从绝对值来看，截至 2014 年，11 个城市中高于浙江省生态民生和谐指数均值的有杭州、宁波、嘉兴，主要分布在浙江东北部沿海地区，最低的是台州及衢州，主要分布在西部、南部地区。

6.4　各系统的协调度分析

除了分析各系统指数的绝对值和相对增长情况比较，还可以进一步从系统协调性角度探讨浙江省生态文明建设过程中各系统之间相互均衡与协调发展的现状。

协调发展是生态经济发展、生态资源条件、生态环境治理、生态民生和谐指数之间的相互均衡与协调的状况。协调度是系统之间或系统组成要素之间在发展演化过程中彼此和谐一致的程度，是度量协调状况良好与否的定量指标，可以定量描述协调发展的程度，本书基于离散系数定义协调系数：

$U_i = 1 - \dfrac{\sigma_i}{x_i}$。其中，$\sigma_i$ 表示第 i 个样本的生态经济发展、生态资源条件、生态

环境治理、生态民生和谐指数的平均值，$\frac{\sigma_i}{x_i}$ 表示离差系数也称离散系数，反映两组或者多组数据之间的变异或离散程度，离散系数越小，协调度则越高。协调系数取值在 0 与 1 之间变化（程华等，2011，2013），协调系数值越接近 1 表示协调性越高，小于 0.5 则认为不协调，越接近零越不协调。

计算结果显示，4 个子系统之间的协调性有较大的差异。

（1）生态资源条件指数与生态环境治理指数协调度较高。生态资源条件指数与生态环境治理指数之间的协调度非常高，大部分年份属于良好协调与优质协调。但是结合表 6-4 4 个子系统发展指数值来分析，可以看出这两个系统是在低发展水平上的协调。生态环境保护不力会导致生态资源条件被破坏，同时生态资源条件差且生态基础薄弱也使其在环境保护工作中难见成效。

（2）生态经济发展指数与生态资源条件、生态环境治理指数之间的协调度较低。生态经济发展指数与生态资源条件指数之间的协调度在所有系统之间的协调度中最低，其次是生态经济发展指数与生态环境治理指数，它们都处于不协调的范围。这也正是浙江省这几年发展的现状，经济发展水平增长快速，但是环境没有同步保护，而且资源条件由于先天的难以再生与更新的原因，难以承载经济发展带来的压力，可见目前的经济稳步发展还是以生态资源的破坏和环境治理效果不显著甚至退步为代价的。

（3）生态经济发展指数与生态民生和谐指数之间的协调性一般。相对而言，生态经济发展指数与生态民生和谐指数之间的协调性有几个年份是在协调的范围内，但是 2013 年与 2014 年却降为不协调，这也说明，浙江省在追求生态经济发展的过程中同时也关注生态民生和谐水平，综合考虑了居民生活环境舒适度、生活条件改善程度和精神文化需求满足程度。

（4）生态民生和谐指数与生态资源条件指数及与生态环境治理指数之间的协调度都不太好。大部分时间段内处于不协调的状态，只有个别年份达到勉强协调，结合表 6-4 的指数值可见，浙江省在生态文明建设过程中，生态资源条件改善与生态环境治理工作的成效没能与生态民生改善同步进行，且前者落后于后者。

　　4 个子系统的总协调系数在 2011 年之前是处于濒临失调与勉强协调的范围，但是从 2011 年之后就进入了轻微失调的范围，这种现象的出现是综合了前面分析的两两系统之间的协调与不协调的结果导致的，只要有个别系统之间的协调性较低，就会降低总协调系数水平。加快生态文明建设，促进可持续发展，需要促进 4 个系统之间相互协调发展，任何一个系统的落后都会导致整体水平与各系统之间的协调性降低，这都不利于生态文明建设总水平提高，也有悖于可持续发展的要求。结果见表 6-10 与图 6-2。

表 6-10　各系统之间的协调度

子系统	协调度								
	2006年	2007年	2008年	2009年	2010年	2011年	2012年	2013年	2014年
生态经济与生态资源	0.413	0.335	0.284	0.283	0.277	0.122	0.191	0.102	0.095
生态经济与生态环境	0.389	0.387	0.405	0.391	0.369	0.314	0.298	0.150	0.134
生态经济与生态民生	0.839	0.900	0.868	0.872	0.774	0.726	0.722	0.706	0.830
生态资源与生态环境	0.971	0.935	0.846	0.861	0.880	0.725	0.850	0.922	0.936
生态资源与生态民生	0.553	0.416	0.387	0.382	0.458	0.313	0.402	0.305	0.204
生态环境与生态民生	0.527	0.471	0.518	0.499	0.564	0.545	0.531	0.365	0.249
4 个系统	0.545	0.503	0.493	0.486	0.481	0.387	0.411	0.306	0.301

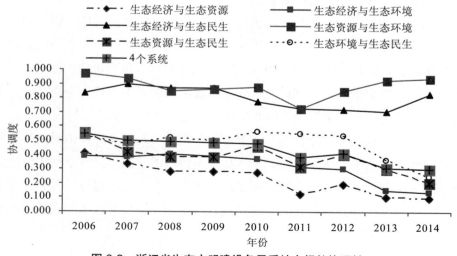

图 6-2　浙江省生态文明建设各子系统之间的协调性

6.5　小　结

本章通过熵值法为指标体系内各项指标赋予不同权重，再利用综合评价方法加权平均求得浙江省及省内 11 个城市的生态文明建设总水平指数值和 4 个子系统的指数值，通过比较生态文明建设总水平和 4 个子系统的指数值，可以看出省内不同地区之间生态文明建设水平相差较大，排名靠前的大部分是浙江东北部地区，浙西南地区相对较低，从东到西呈现逐步降低趋势。协调性分析表明 4 个系统之间总协调性比较低，2011 年之前处于濒临失调与勉强协调的范围，2011 年之后就进入了轻微失调的范围。两两系统对比，其中生态资源条件与生态环境治理指数之间处于低发展水平上的协调，生态经济发展与生态资源条件以及生态环境治理之间的协调性最低，生态经济发展与生态民生和谐指数在大部分年份内处于协调范围内。

参考文献

[1]　程华，廖中举，戴娟兰. 中国区域环境创新能力与经济发展的协调性研究[J]. 经济地理，2011，31（6）：985-991.

[2]　杜宇，刘俊昌. 生态文明建设评价指标体系研究[J]. 科学管理研究，2009，6（3）：60-63.

[3]　蒋小平. 河南省生态文明评价指标体系的构建研究[J]. 河南农业大学学报，2008，42（1）：61-64.

[4]　李校利. 生态文明研究综述[J]. 学术论坛，2013，36（2）：53-55.

[5]　刘薇. 北京市生态文明建设评价指标体系研究[J]. 国土资源科技管理，2014，31（1）：1-8.

[6]　刘伟杰，曹玉昆. 生态文明建设评价指标体系研究[J]. 林业经济问题，2013，33（4）：325-329.

[7]　田智宇，杨宏伟，戴彦德. 我国生态文明建设评价指标研究[J]. 中国能源，2013，11（11）：9-12.

[8]   王如松. 生态文明建设的控制论机理、认识误区与融贯路径[J]. 中国科学院院刊，
      2013，28（2）：173-181.

[9]   王文清. 生态文明建设评价指标体系研究[J]. 江汉大学学报，2011，10（5）：16-19.

[10] 曾刚，我国生态文明建设的理论与方法探析——以上海崇明生态岛建设为例[J]. 新疆
      师范大学学报（哲学社会科学版），2014，35（1）：48-54.

[11] 张欢，成金华，成军. 中国省域生态文明建设差异分析[J]. 中国人口·资源与环境，
      2014，24（6）：22-29.

[12] 浙江"创业创新、科学发展"课题研究组. 浙江生态文明建设辉煌五年[N]. 浙江日报，
      2012-05-25.

[13] 周江梅，翁伯琦. 生态文明建设评价指标与其体系构建的探讨[J]. 农学学报，2012，
      2（10）：19-25.

第 7 章
浙江省 11 个城市生态文明建设水平分析

浙江省生态文明建设水平具有明显的地域差异。本章将逐一对浙江省 11 个城市的生态文明建设状况进行具体分析，按照各城市历年生态文明建设各个子系统指数的逐年增长率与年平均增长率进行排序比较，根据各市历年 4 个系统的指数值利用系统聚类法对 11 个城市进行聚类，并计算各城市不同子系统之间的协调系数，以此来揭示不同城市生态文明建设现状差异以及各城市的侧重点。

7.1 11 个城市生态文明建设分析

7.1.1 杭州生态文明建设水平分析

从杭州生态文明建设各子系统的指数结果（图 7-1）可以看出杭州市生态文明建设中，生态经济发展指数、生态资源条件指数、生态环境治理指数、生态民生和谐指数都有相应的增长，其中生态治理指数和生态经济发展水平指数在最后两年数值有所下降。生态民生和谐指数增长较为明显，增长率达到 145%，推动生态文明建设总水平在 2006 年到 2014 年快速增长，其增长率为 90%。生态经济发展指数、生态资源条件指数、生态环境治理指数增长率幅度分别达到 76%、55%、5%，进一步说明了杭州生态民生和谐方面的建设在整个生态文明建设中起到了主要作用。

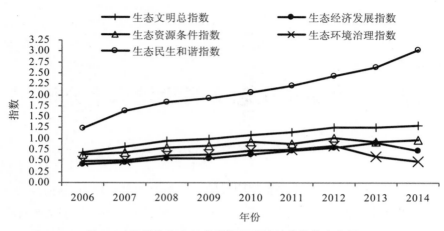

图 7-1　杭州生态文明建设各子系统评价指数变化图

　　为进一步了解杭州生态文明建设各个子系统的增长情况，我们计算各系统逐年增长率和年平均增长率。如表 7-1 所示，2006—2014 年，杭州市 4 个子系统每年的增长差异较大。生态经济发展水平、生态资源条件以及生态环境治理指数在 2008 年的增长率都达到最大；生态环境治理指数在 2013 年和 2014 年增长率为负值；生态民生和谐指数在 2007 年增长最大；最终总指数的增长率在 2007 年达到最大。从年均增长率来看，生态民生和谐指数增长率最大，生态环境治理指数年均增长率最小。杭州市生态文明建设水平总指数年均增长率为 7.39%。可以看出，生态民生和谐工作在杭州生态文明建设中起到主要推动作用，与此同时，杭州还需要加大生态环境治理工作的投入力度，以进一步提高生态文明水平。

表 7-1　杭州市生态文明建设各子系统评价指数增长率　　　　　　　　单位：%

指标	2007 年	2008 年	2009 年	2010 年	2011 年	2012 年	2013 年	2014 年	年均增长率
生态文明总指数	19.20	15.39	4.31	9.91	5.11	10.96	−0.31	3.64	7.39
生态经济发展指数	11.34	17.97	1.83	14.18	14.56	9.42	13.85	−19.10	6.50
生态资源条件指数	7.32	18.22	5.79	9.85	−4.70	14.37	−8.00	4.78	4.98
生态环境治理指数	7.54	21.68	1.97	16.13	2.58	11.46	−29.80	−16.27	0.45
生态民生和谐指数	32.41	11.51	5.20	6.64	7.54	9.92	8.52	15.62	10.50

7.1.2　宁波生态文明建设水平分析

从宁波市生态文明建设各子系统的指数结果（图 7-2）可以看出，宁波市生态文明建设指标体系中，生态经济发展指数、生态资源条件指数、生态环境治理指数有所增长，但是增长趋势相对较为平缓，生态民生和谐指数增长比较明显。经计算得知，宁波生态经济发展、生态资源条件、生态环境治理、生态民生和谐指数、生态文明建设总指数水平的增长率分别为 112%、13%、38%、168%、99%，生态民生和谐指数的增长率高于生态文明建设水平总指数的增长率，是主要推动宁波生态文明建设水平的指标。

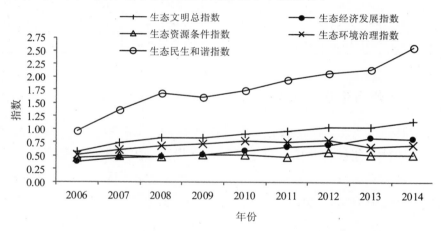

图 7-2　宁波市生态文明建设各子系统评价指数变化图

进一步计算宁波生态文明建设各子系统历年增长率和年均增长率，如表 7-2 所示，2006—2014 年，宁波市 4 个子系统的指数值每年的增长差异较大。生态经济发展指数在 2013 年增长率达到最大，2007 年次之；生态资源条件指数在 2008 年、2011 年和 2013 年增长率为负值，2007 年最大，可见，随着当地经济水平的快速发展，当地的资源承载能力正在下降。生态环境治理指数在 2007 年最大，后来几年都是以较小的幅度增加，其中 2011 年和 2013 年也出现了负值。生态民生和谐指数在 2007 年增长最大，2009 年最小且为负值，生态文明总指数的增长率在 2007 年最大。宁波市在 2006—2014 年生态文明建设中，生态资源条件指数的年均增长率最低，生态民生和谐指数的年均增长率最高，表明宁波市在改善民生建设方面取得了较大成效。因此，宁波市在生态文明建设过程中，生态民生建设起到了主要作用。同时，宁波在生态资源条件、生态环境治理以及生态经济方面可以进一步加强。

表 7-2　宁波市生态文明建设各子系统评价指数增长率　　　　单位：%

指标	2007 年	2008 年	2009 年	2010 年	2011 年	2012 年	2013 年	2014 年	年均增长率
生态文明总指数	27.21	13.35	0.39	8.44	6.20	7.68	0.67	10.47	7.98
生态经济发展指数	18.25	6.16	6.37	14.56	13.04	6.99	18.34	−3.34	8.69
生态资源条件指数	7.52	−1.82	4.36	2.61	−8.35	21.02	−10.56	0.42	1.33
生态环境治理指数	21.45	11.30	3.98	8.43	−1.80	4.57	−15.76	4.76	3.65
生态民生和谐指数	43.20	22.05	−3.92	8.34	11.73	5.87	4.01	20.02	11.61

7.1.3　温州市生态文明建设水平分析

从温州市生态文明建设各子系统的指数值（图 7-3）可以看出，温州市生态文明建设指标体系中，生态经济发展指数、生态资源条件指数、生态环境治理指数整体上都有所增长。生态文明建设水平总指数在 2006 年到 2014 年增长平缓，在 2013 年有所降低，其主要原因是生态环境治理指数在

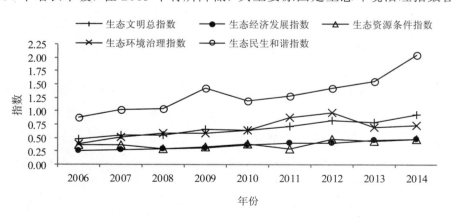

图 7-3　温州市生态文明建设各子系统评价指数变化趋势图

2013 年有比较大幅度的降低。2006—2014 年，温州市生态经济发展、生态资源条件、生态环境治理、生态民生和谐指数增长率分别为 88%、30%、90%、131%。4 个子系统中，生态民生和谐指数整体增长率最大，生态资源条件增长率最小。

为进一步了解温州各子系统历年的增长情况，经计算得出生态经济发展水平、生态资源条件、生态环境治理、生态民生和谐以及生态文明建设总指数的增长率。如表 7-3 所示，2007—2014 年，温州市 4 个子系统历年的增长差异比较明显，生态经济发展水平在 2010 年增长率最大；生态资源条件指数在 2008 年与 2011 年为负值，且显示生态资源条件指数下降较多；生态环境治理指数在 2013 年增长率为负值，2011 年最大；生态民生和谐指数在 2009 年增长最大，2010 年最小，且为负值；生态文明建设总水平指数值的增长率在 2007 年最大。从平均年增长率来看，温州市生态民生和谐总指数年均增长率最高，生态资源条件最低，生态经济与环境治理处于两者之间，总水平指数的年均增长率高于生态经济发展与生态环境治理指数，说明在温州市生态文明建设过程中，生态民生和谐方面的建设处于主要地位，是整个生态文明建设的重点，同时也说明了温州整个生态文明水平指数值的提升主要是依靠生态民生和谐水平的提升。当然，温州在生态环境治理方面的年均增长率也比较高。

表 7-3　温州市生态文明建设各子系统评价指数增长率　　　　单位：%

指标	2007 年	2008 年	2009 年	2010 年	2011 年	2012 年	2013 年	2014 年	年均增长率
生态文明总指数	15.73	1.36	19.73	−3.29	10.78	15.14	−4.29	19.06	7.85
生态经济发展指数	11.93	6.72	4.80	13.93	10.53	2.45	12.03	3.87	7.26
生态资源条件指数	−0.76	−20.63	11.79	17.61	−21.50	5.40	−6.40	6.75	2.91
生态环境治理指数	33.92	11.40	2.32	7.55	37.89	10.42	−28.90	7.05	7.41
生态民生和谐指数	15.61	2.55	35.78	−16.31	6.58	12.04	8.54	32.42	9.76

7.1.4 嘉兴市生态文明建设水平分析

从嘉兴市生态文明建设各子系统的指数值结果（图 7-4）可以看出，在嘉兴市生态文明建设指标体系中，生态经济发展指数、生态资源条件指数、生态环境治理指数都呈上升趋势，生态文明建设水平总指数处于不断上升趋势。生态经济发展水平、生态民生和谐及生态环境治理指数都有比较明显的增长，生态资源条件指数增长相对平缓甚至有时下降。2006—2014 年，嘉兴市生态经济发展水平、生态资源条件、生态环境治理、生态民生和谐、生态文明建设总水平的增长率分别为 84%、37%、92%、110%、92%，其中增长率最高的为生态民生和谐指数，最低的为生态资源条件指数。

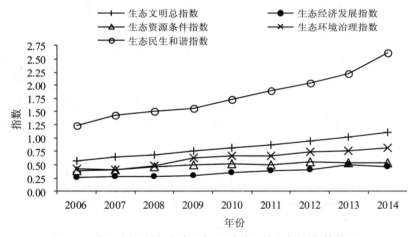

图 7-4 嘉兴市生态文明建设各子系统评价指数变化趋势图

为进一步了解生态文明建设中 4 个子系统的历年增长情况，经计算，得出嘉兴市生态文明建设各子系统的增长率。如表 7-4 所示，嘉兴市在 2007—2014 年 4 个子系统历年的增长差异比较明显。生态经济发展指数在 2013 年增长率最大；生态资源条件指数在 2011 年、2012 年和 2014 年出现了负增长；生态环境治理指数在 2007 年增长率为负值，2009 年最大；生态民生和谐指数在 2014 年增长最大，2009 年最小；生态文明总水平指数值的增长率在 2007

年最大。从年均增长率来看，嘉兴市生态文明建设总水年均增长率为 7.51%，生态民生和谐指数年均增长率为 8.61%，生态环境治理指数与生态文明建设总水平指数的年均增长率相差较小，生态资源条件指数年均增长率偏低。数据表明，在嘉兴市生态文明建设过程中，生态民生建设最近几年成效比较显著，也是推动生态文明建设综合水平提高的主要原因之一，而生态经济发展、生态资源条件建设提升较慢。

表 7-4　嘉兴市生态文明建设各子系统评价指数增长率　　　　单位：%

指标	2007 年	2008 年	2009 年	2010 年	2011 年	2012 年	2013 年	2014 年	年均增长率
生态文明总指数	10.72	7.18	9.37	8.63	5.94	9.18	6.95	9.99	7.51
生态经济发展指数	13.71	−0.17	6.62	15.15	10.99	5.20	20.87	−6.04	7.06
生态资源条件指数	7.41	9.05	10.16	2.20	−2.25	12.36	−5.13	−0.17	3.57
生态环境治理指数	−2.92	16.07	29.62	5.67	1.17	11.08	3.21	7.45	7.54
生态民生和谐指数	15.84	5.55	3.24	10.60	9.15	8.50	8.82	16.84	8.61

7.1.5　湖州市生态文明建设水平分析

湖州市生态文明建设各子系统的指数值随时间变化结果如图 7-5 所示，湖州市生态文明建设水平总指数处于不断上升趋势。生态经济发展水平增长缓慢，生态民生和谐指数有比较明显的增长，尤其是在 2013 年到 2014 年增长迅速，生态资源条件和生态环境治理指数前期增长相对平缓，到 2013 年开始有下滑趋势。从斜率来看，生态民生和谐指数在 2007 年和 2014 年增长率相对较高。从 2006 年到 2014 年，湖州市生态经济发展、生态资源条件、生态环境治理、生态民生和谐、生态文明建设总水平指数的增长率分别为 88%、54%、23%、125%、80%，其中增长率最高的为生态民生和谐指数，最低的为生态环境治理指数。

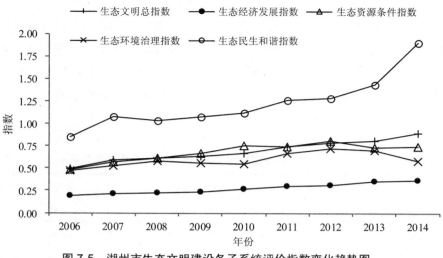

图 7-5　湖州市生态文明建设各子系统评价指数变化趋势图

为进一步了解生态文明建设中 4 个子系统历年的增长情况，经计算，得出湖州市生态文明建设各系统增长率。如表 7-5 所示，湖州市 2007—2014 年 4 个子系统每年的增长差异比较明显。生态经济发展指数在 2013 年增长率最大；生态资源条件指数在 2011 年、2013 年出现负增长；生态环境治理指数在 2009 年、2010 年、2013 年、2014 年出现负增长；生态民生和谐指数在 2014 年增长率最大，2008 年最小。生态文明建设总水平的增长率在 2007 年最大。从年均增长率来看，湖州市生态文明建设水平年均增长率为 6.77%，生态民生和谐指数年均增长率为 9.42%，生态经济发展与生态文明建设综合水平年均增长率相差较小，生态资源条件和生态环境治理指数年均增长率偏低。数据表明，在湖州市生态文明建设过程中，生态民生建设取得了一定成效，一定程度上推动了生态文明建设综合水平指数的提高，生态经济发展在生态文明建设中也有一定的贡献，而生态资源条件与生态环境治理对生态文明建设的贡献较少，提升也相对比较慢。因此，湖州市需加强生态资源保护与生态环境治理方面的管理与建设。

表 7-5　湖州市生态文明建设各子系统评价指数增长率　　　　单位：%

指标	2007 年	2008 年	2009 年	2010 年	2011 年	2012 年	2013 年	2014 年	年均增长率
生态文明总指数	19.67	2.78	3.38	5.95	10.72	5.58	3.13	10.99	6.77
生态经济发展指数	10.07	6.99	3.35	12.93	12.49	5.49	13.50	1.90	7.31
生态资源条件指数	17.30	8.64	8.09	12.94	−1.27	9.80	−9.45	0.67	4.89
生态环境治理指数	11.33	10.25	−3.69	−1.73	23.27	7.98	−3.12	−17.67	2.36
生态民生和谐指数	27.83	−4.70	4.52	4.06	12.22	1.84	12.09	32.51	9.42

7.1.6　绍兴市生态文明建设水平分析

分析绍兴市生态文明建设各子系统的指数值随时间变化的结果如图 7-6 所示，绍兴市生态文明建设总水平处于不断上升趋势。生态民生和谐指数增长比较明显，尤其是在 2007 年和 2014 年增长迅速；生态经济发展指数增长相对平缓；生态资源条件指数增长较少，生态环境治理指数上升后在 2012 年以后出现了下滑。从 2006 年到 2014 年，绍兴市生态经济发展、生态资源条件、生态环境治理、生态民生和谐、生态文明建设总水平的增长率分别为 107%、44%、−12%、233%、138%，其中增长率最高的为生态民生和谐指数，最低的为生态环境治理指数。

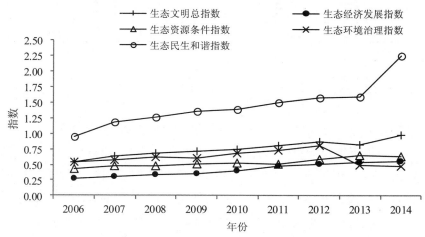

图 7-6　绍兴市生态文明建设各子系统评价指数变化趋势图

为进一步了解生态文明建设中 4 个子系统的增长情况,经计算,得出绍兴市生态文明建设各子系统的增长率。如表 7-6 所示,绍兴市 2006—2014 年各个系统每年的增长差异较大。生态经济发展指数在 2011 年增长率最大;生态资源条件指数在 2011 年和 2014 年出现负数,生态环境治理指数在 2009 年、2013 年和 2014 年增长率为负值,2010 年最大;生态民生和谐指数在 2014 年增长最大,2013 年最小,总水平的增长率在 2014 年最大。从年均增长率来看,绍兴市生态文明建设水平年均增长率为 6.65%;生态民生和谐指数年均增长率为 10.10%,高于总水平增长率;生态经济发展指数也高于总指标增长;生态资源条件指数低于总水平增长率,生态环境治理甚至出现了负增长的现象。说明在绍兴生态文明建设过程中,生态民生建设对生态文明建设综合水平贡献较大,生态经济次之,生态资源条件和生态环境治理指数拉低了生态文明建设综合水平增长率,生态环境治理是绍兴生态文明建设的薄弱点和难点。

表 7-6　绍兴市生态文明建设各子系统评价指数增长率　　　　单位:%

指标	2007 年	2008 年	2009 年	2010 年	2011 年	2012 年	2013 年	2014 年	年均增长率
生态文明总指数	16.05	6.62	4.83	5.79	6.94	8.73	−6.19	19.31	6.65
生态经济发展指数	13.83	9.41	6.25	15.05	15.76	7.23	7.34	2.32	8.45
生态资源条件指数	8.72	2.05	4.78	3.63	−4.42	17.32	8.93	−1.85	4.17
生态环境治理指数	5.80	9.26	−1.65	11.15	7.62	10.71	−38.82	−4.80	−1.45
生态民生和谐指数	25.87	6.46	7.64	1.81	8.33	5.37	0.52	41.08	10.10

7.1.7　金华市生态文明建设水平分析

分析金华市生态文明建设各子系统的指数值随时间变化数据(图 7-7)可以看出,金华市生态文明建设总水平逐步上升,其中 2006 年到 2007 年增长幅度较大,2013 年到 2014 年增长幅度最大,说明在这期间,金华市生态民生建设具有相对较大的提升。生态资源条件指数在整个过程中没有表现出增长趋势,在平缓过程中略有波动,生态环境治理指数和生态经济发展指数的增长相对平缓。2006 年到 2014 年,生态经济发展指数、生态资源条件指数、生态环境治理指数、生态民生和谐指数、生态文明建设综合水平增长率分别为

98%、12.5%、145%、161%、119%。

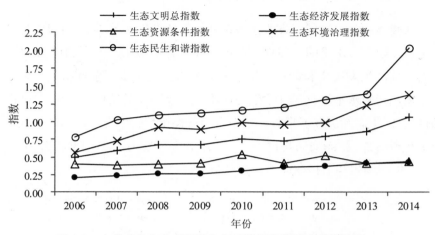

图 7-7　金华市生态文明建设各子系统评价指数变化趋势图

　　进一步测量金华市生态文明建设各子系统指标增长情况，如表 7-7 所示，金华市 2007—2014 年各系统的增长差异较大。生态经济发展指数在 2010 年增长率最大；生态资源条件指数增长率在 2007 年、2011 年和 2013 年内出现负值；生态环境治理指数在 2009 年和 2011 年增长率为负值，2007 年最大；生态民生和谐指数在 2014 年增长最大，2009 年最小；总水平的增长率在 2014 年最大。从年均增长率来看，金华市生态文明建设水平年均增长率为 9.13%；生态环境治理指数增长率为 10.49%，生态民生和谐度指数最高，为 11.25%，生态资源条件指数非常低，为 1.32%。说明在金华生态文明建设过程中，生态民生建设和生态环境建设对生态文明建设综合水平提升有较大贡献，生态资源保护和合理利用则是生态文明建设的薄弱点和难点。

表 7-7　金华市生态文明建设各子系统评价指数增长率　　　　单位：%

指标	2007 年	2008 年	2009 年	2010 年	2011 年	2012 年	2013 年	2014 年	年均增长率
生态文明总指数	21.56	12.36	0.93	11.27	−2.39	9.26	7.85	24.40	9.13
生态经济发展指数	12.58	6.68	2.84	16.05	14.72	6.05	11.78	1.75	7.91
生态资源条件指数	−3.02	5.44	2.40	30.01	−23.48	26.26	−21.32	8.71	1.32
生态环境治理指数	28.58	26.15	−2.57	10.81	−3.06	3.43	24.23	12.51	10.49
生态民生和谐指数	31.47	6.58	2.87	3.59	3.44	8.97	6.00	46.30	11.25

7.1.8 衢州市生态文明建设水平分析

从衢州市生态文明建设各子系统的指数值结果（图 7-8）可以看出，衢州市生态文明建设水平随时间推移逐年上升，其中 2013 年到 2014 年增长幅度较大。其间生态民生和谐指数提升较为显著；生态资源条件指数呈现上下波动变化，指数水平没有提升；生态环境治理指数的增长相对平缓。2006 年到 2014 年，生态经济发展指数、生态资源条件指数、生态环境治理指数、生态民生和谐指数、生态文明建设综合水平增长率分别为 78%、18%、72%、148%、83%，生态民生和谐指数的增长幅度最大。

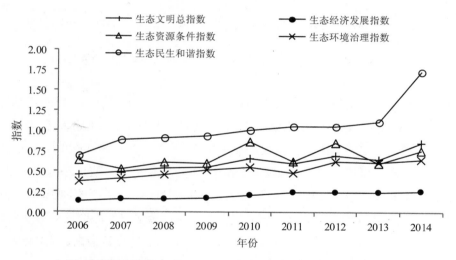

图 7-8 衢州市生态文明建设各子系统评价指数变化趋势图

为了更清晰地了解衢州市生态文明建设各子系统的指标增长情况，经计算得出各系统指数历年增长率。如表 7-9 所示，衢州市 2007—2014 年各子系统的增长差异较大。生态经济在 2011 年增长率最大；生态资源条件指数多次出现负值；生态环境治理指数 2011 年和 2013 年增长率为负值，2012 年最大；生态民生和谐指数在 2014 年增长最大，2012 年最小；生态文明建设总水平的增长率在 2014 年最大。从年均增长率来看，衢州市生态经济发展指数年均增长率为 6.99%，生态资源条件指数最低，只有 1.87%；生态环境治理指数 6.22%；

生态民生和谐指数年均增长率最高，为 10.65%。说明在衢州生态文明建设过程中，生态经济发展和生态民生和谐是生态文明建设的重点，其中生态民生和谐指数作用较大，生态资源条件方面比较薄弱，需要引起重视。

表 7-8　衢州市生态文明建设各子系统评价指数增长率　　单位：%

指标	2007 年	2008 年	2009 年	2010 年	2011 年	2012 年	2013 年	2014 年	年均增长率
生态文明总指数	6.96	8.74	3.81	18.11	−8.64	15.53	−6.97	30.84	6.96
生态经济发展指数	15.14	1.79	7.14	17.50	19.74	−2.19	3.23	3.02	6.99
生态资源条件指数	−17.44	16.70	−1.21	42.51	−28.07	37.86	−29.18	23.99	1.87
生态环境治理指数	8.12	13.49	11.84	7.85	−13.04	30.40	−2.37	5.02	6.22
生态民生和谐指数	27.01	3.08	2.56	8.06	4.63	−0.26	6.01	54.84	10.65

7.1.9　舟山市生态文明建设水平分析

从舟山市生态文明建设各子系统的指数值随时间变化结果（图 7-9）可以看出，舟山生态文明建设水平总指数逐步上升。生态资源条件指数上升幅度不大，2013 年开始出现下滑；生态经济发展指数逐年上升，不过上升的幅度较小；生态环境治理指数从 2011 年开始上升的幅度较大；生态民生和谐度指数同样也是所有指数中上升幅度最快的，尤其是 2014 年上升幅度最大。从 2006 年到 2014 年，生态经济发展指数、生态资源条件指数、生态环境治理指数、生态民生和谐指数、生态文明综合水平的增长率分别为 92%、59%、154%、217%、133%，其中生态民生和谐指数的增长率最大，生态资源条件指数的增长率最小。

为进一步分析各个子系统评价指数的增长状况，经计算得出舟山市生态文明建设各系统指数增长率。如表 7-9 所示，舟山市 2007—2014 年 4 个系统的增长差异较大，生态经济发展指数在 2010 年增长率最大；生态资源条件指数在 2011 年、2013 年出现负值；生态环境治理指数在 2013 年增长率为负值，2011 最大；生态民生和谐指数在 2014 年增长最大，2008 年最小；生态建设总水平的增长率在 2007 最大。从年均增长率来看，舟山市生态文明建设总水平年均增长率为 9.88%。生态民生和谐指数与生态环境治理指数的年均增长率都高于生态文明总指数年均增长率，说明在舟山生态文明建设过程中，生态民生建设和生态环境治理指数对高生态文明建设综合水平贡献率较大，生态资源条件指数相对较低，生态经济指数也比较弱小。

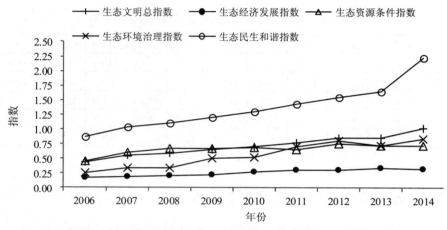

图 7-9　舟山市生态文明建设各子系统评价指数变化趋势图

表 7-9　舟山市生态文明建设各子系统评价指数增长率　　　　单位：%

指标	2007 年	2008 年	2009 年	2010 年	2011 年	2012 年	2013 年	2014 年	年均增长率
生态文明总指数	24.28	5.91	12.06	7.50	10.82	10.36	0.21	20.12	9.88
生态经济发展指数	19.15	7.64	5.56	25.01	7.12	3.20	7.80	−4.75	7.52
生态资源条件指数	33.04	10.73	0.77	0.57	−2.91	14.92	−5.01	1.02	5.35
生态环境治理指数	30.74	−1.43	47.28	5.55	34.65	13.12	−9.98	15.49	13.69
生态民生和谐指数	18.78	5.20	9.34	8.95	9.16	8.39	6.53	35.53	10.93

7.1.10　台州市生态文明建设水平分析

台州市生态文明建设各子系统的指数值随时间变化结果（图 7-10）显示，台州市生态文明建设总水平整体上呈上升趋势，在 2010 年具有较明显的增长。生态经济发展指数具有比较平稳的增长，生态资源条件指数呈现波动，2011 年比 2010 年有所下降，生态环境治理指数 2006 年到 2010 年稳步增长，2011 年有所回落，继而保持相对平稳。生态民生和谐指数一直保持较高的增长趋势，在 2011 年以后增长趋势更加明显。从 2006 年到 2014 年，台州市生态经济发展指数、生态资源条件指数、生态环境治理指数、生态民生和谐指数、生态文明建设总水平指数的增长率分别为 89%、32%、146%、82%、88%。

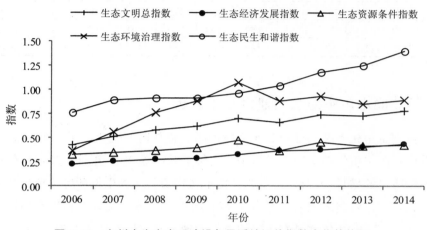

图 7-10　台州市生态文明建设各子系统评价指数变化趋势图

为进一步分析台州市生态文明建设水平增长状况，经计算得到各子系统指数的增长率。如表 7-10 所示，台州市 2007—2014 年各子系统指数的增长差异较大，生态经济发展指数在 2010 年增长率最大；生态资源条件指数和生态环境治理指数在 2011 年和 2013 年增长率都为负值，分别在 2012 年和 2007 年达到最大值；生态民生和谐指数在 2007 年增长最大，2009 年最小；生态文明建设总水平的增长率在 2007 年最大。从年均增长率来看，台州生态文明建设综合水平平均增长率为 7.23%。生态民生和谐指数的年均增长率为 6.94%，生态资源条件指数年均增长率为 3.09%，生态环境治理指数年均增长率为 10.50%，生态经济发展指数年均增长率为 7.34%。相比其他城市，台州市生态环境治理指数的增长速度较快，表明台州在生态文明建设过程中比较关注生态环境方面建设，而且取得了较好的成效；生态经济发展和生态民生和谐一般，生态资源条件方面比较薄弱。

表 7-10　　台州市生态文明建设各子系统评价指数增长率　　　　单位：%

指标	2007 年	2008 年	2009 年	2010 年	2011 年	2012 年	2013 年	2014 年	年均增长率
生态文明总指数	22.40	12.79	6.88	14.42	-6.56	11.69	-0.96	7.45	7.23
生态经济发展指数	11.22	7.97	5.46	13.95	10.10	4.71	7.54	5.70	7.34
生态资源条件指数	8.76	4.78	8.65	18.81	-23.67	27.08	-8.80	1.08	3.09
生态环境治理指数	55.27	35.53	15.59	21.54	-17.50	6.03	-9.51	4.94	10.50
生态民生和谐指数	15.87	2.90	-0.68	5.75	8.35	13.62	6.14	11.83	6.94

7.1.11　丽水市生态文明建设水平分析

从丽水市生态文明建设各子系统的指数值随时间变化结果（图 7-11）可以看出，丽水市生态文明建设水平在逐年上升，除 2011 年外，其他年份都具有比较明显的增长，2011 年主要是由生态资源条件和生态环境治理指数下降所导致。生态经济发展在近几年中有所增长，生态资源条件和生态环境治理在 2006 年到 2014 年都具有比较明显的波动，其中生态环境治理从 2006 年到 2010 年比较平稳，2010 年达到几年中的最高值，之后有所下降。生态民生方面，2007 年具有比较大的增长率，从 2008 年到 2010 年具有比较稳定的增长率，2011 年之后增长速度有所加快。2006—2013 年，丽水市生态经济发展指数、生态资源条件指数、生态环境治理指数、生态民生和谐指数、生态文明建设综合水平指数的增长率分别为 125%、2%、51%、151%、67%。

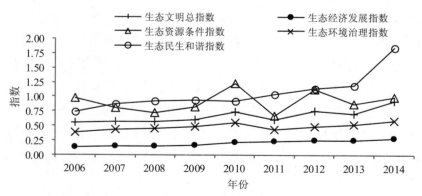

图 7-11　丽水市生态文明建设各子系统评价指数变化趋势图

为进一步了解丽水市生态文明建设过程中各子系统的增长状况，经计算得出各系统历年增长率和年均增长率。如表 7-11 所示，丽水市 2007—2014 年各子系统的增长差异较大，生态经济发展指数在 2007 年增长率最大；生态资源条件指数增长波动很大，在 2007 年、2008 年、2011 年、2013 年出现负值；生态环境治理指数在 2011 年增长率为负值，2010 年最大；生态民生和谐指数在 2014 年增长率最大，2010 年最小；生态文明总水平的增长率在 2014 年最大。从年均增长率来看，丽水市生态文明建设综合指数增长率为 5.87%。生态民生和谐指数增长率为 10.78%，生态经济发展指数增长率为 9.44%，都高于生态文明建设总水平；生态环境治理年均增长率为 4.68%；生态资源条件指数年均增长率为 0.26%，大大低于平均增长率。丽水市生态文明建设过程中比较注重生态民生和谐和生态经济发展的发展，但在生态资源条件建设方面相当薄弱，是丽水未来生态文明建设需要大大加强的领域。

表 7-11　丽水市生态文明建设各子系统评价指数增长率　　　　单位：%

指标	2007 年	2008 年	2009 年	2010 年	2011 年	2012 年	2013 年	2014 年	年均增长率
生态文明总指数	1.33	0.21	7.09	21.15	−18.71	26.36	−5.60	30.84	5.87
生态经济发展指数	16.43	3.64	5.76	35.21	12.76	4.71	−2.63	13.53	9.44
生态资源条件指数	−17.27	−9.38	13.57	49.79	−46.39	70.36	−22.42	13.28	0.26
生态环境治理指数	9.59	5.78	8.39	13.97	−23.49	12.10	8.30	13.48	4.68
生态民生和谐指数	18.88	5.71	1.60	−2.49	14.25	9.28	4.49	54.67	10.78

7.2　11 个城市生态文明建设对比分析

从以上各城市生态文明指数分析可见，浙江省生态文明建设水平具有明显的地域差异。截至 2014 年，除了衢州、舟山和丽水外，其他 8 个城市的生态资源条件指数值在 4 个指数中最低，而生态经济发展与生态民生和谐指数相对较高；杭州、宁波和绍兴在生态经济发展与生态民生和谐指数方面位于前列，而生态资源条件与生态环境治理指数相对较低；衢州、舟山、丽水虽然生态环境治理和生态民生和谐方面指数值较高，但是生态经济发展水平却相对落后；金华、舟山、台州、温州的生态环境治理指数在 2014 年都高于其他 3 个指数。

进一步根据各子系统指数的年均增长率情况，分析各城市生态文明建设中的特色与侧重点。

数据表明，浙江省总水平指数增长率为 8.74%，浙江省各城市生态文明建设水平总指数的年均增长率介于 5.87%～9.88%之间。只有金华和舟山高于浙江省平均增长率，说明这两个城市生态文明建设总水平处于全省的前列。处于 5%～7%增长率的有杭州、湖州、绍兴、衢州和丽水；处于 7%～8%的城市有宁波、温州、嘉兴和台州，处于 8%～10%的城市有金华和舟山。其中舟山的生态文明建设水年均增长率是最高的，其次为金华，这两个城市 2014 年的综合评价水平排序为第 5 和第 4，说明这两个城市近几年来生态文明建设综合水平取得了很大的进步。虽然近几年杭州生态文明建设总水平增长率不高，但是其 2014 年生态文明建设综合评价水平在 11 个城市中排名第 1。

从生态民生和谐水平来看，除了台州外，其他城市的生态民生和谐指数的年均增长率均为 4 个子系统中最高，其中宁波、金华生态民生建设在 2006—2014 年超过 11%，其他城市的增长率介于 6%～11%之间。可将其划分为：高于 11%的城市有宁波和金华，处于 10%～11%的城市有杭州、衢州、舟山，处于 9%～10%的城市有温州、湖州，低于 9%的城市有台州、嘉兴，大部分城市分布于 9%～11%，从地域分布来看，浙江东北部地区年均增长率均较高，浙江西南地区偏低。

从生态环境治理水平来看，各城市该指数的年均增长率差异明显，部分城市较低，其中绍兴还出现了负值。可以将其划分 3 个区间，年均增长率低于 5%的城市有杭州、宁波、湖州、绍兴、丽水，处于 5%～8%的有温州、嘉兴、衢州，增长率高于 8%的有金华、舟山、台州。从地域分布来看，浙西南地区生态环境建设增长率都比较高，说明该地区近几年在经济发展的过程中，比较注重生态环境的治理，并且取得了一定成效。但是该地区的生态环境建设水平相对浙东北地区较低。

从生态经济发展水平来看，各城市的年均增长率也存在比较大的差异，最低的是衢州，为 6.99%，最高的是杭州，为 9.44%。各地在生态经济发展方面取得的成效各不一样，从生态经济发展水平年均增长率来看，可将 11 个城市分为 3 个区间：年均增长率低于 7% 的城市有衢州，介于 7%～8% 的有温州、嘉兴、湖州、金华、舟山和台州，高于 8% 的有杭州、宁波、绍兴、丽水。这表明浙东北地区生态经济建设水平较高。从其数值整体分布上来看，具有从东到西逐步降低的趋势。

从生态资源条件指数来看，各城市的年均增长率也有较大的差异。由于生态资源很大程度上取决于自然条件，所以生态资源条件指数的年均增长率不是很高。其中最低的是丽水，为 0.26%，最高的是舟山，为 5.35%。因为各城市所处的地理位置不同，具有的自然资源也有差别，从其生态资源条件指数年均增长率来看，可将 11 个城市分为 3 个区间，低于 2% 的城市有杭州、宁波、金华、衢州和丽水，介于 2%～4% 的城市有温州、嘉兴和台州，高于 4% 的城市有湖州、绍兴、舟山。整体分布上呈现从东到西，逐步降低的趋势。

将 11 个城市按照生态经济发展水平和生态环境治理水平年均增长率的高低分为：生态经济建设型和生态环境建设型。对比发现，属于生态经济建设型城市的有杭州、宁波、嘉兴、湖州、绍兴、金华、衢州和舟山 8 个，属于生态环境建设型的城市有温州、台州、丽水 3 个，前者更关注生态经济建设，后者则把生态环境建设放在比较重要的位置。

从浙江省 4 个子系统的年均增长率可以看出，近几年浙江省生态文明建设已经取得了一定的成效。2006—2014 年生态文明建设综合水平有了很大的提升，在生态文明建设的各个方面也都有比较明显的改善，见表 7-12。

表 7-12   2006—2014 年浙江省各城市生态文明建设年均增长率　　单位：%

	生态经济发展		生态资源条件		生态环境治理		生态民生和谐		生态文明总指数	
	增长率	排序	增长率	排序	增长率	排序	增长率	排序	增长率	排序
浙江	10.55	—	3.04	—	4.56	—	10.41	—	8.74	
杭州	9.44	1	0.26	10	4.68	7	10.78	4	5.87	11
宁波	8.69	3	1.33	8	3.65	9	11.61	1	7.98	3
温州	7.26	9	2.91	6	7.41	5	9.76	8	7.85	4
嘉兴	7.06	10	3.57	4	7.54	4	8.61	10	7.51	5
湖州	7.31	8	4.89	2	2.36	10	9.42	9	6.77	8
绍兴	8.45	4	4.17	3	−1.45	11	10.10	7	6.65	9

	生态经济发展		生态资源条件		生态环境治理		生态民生和谐		生态文明总指数	
	增长率	排序	增长率	排序	增长率	排序	增长率	排序	增长率	排序
金华	7.91	5	1.32	9	10.49	3	11.25	2	9.13	2
衢州	6.99	11	1.87	7	6.22	6	10.65	6	6.96	7
舟山	7.52	6	5.35	1	13.69	1	10.93	3	9.88	1
台州	7.34	7	3.09	5	10.50	2	6.94	11	7.23	6
丽水	9.44	2	0.26	11	4.68	8	10.78	5	5.87	10

7.3 生态文明建设城市间聚类分析

为了便于分析城市间的差异，根据各市历年指数值，按照每个系统对 11 个城市进行聚类，聚类的方法是选择最常用的系统聚类法。结果显示，可以把 11 个城市从不同维度按照从高到低的层次做如下分类。

按生态经济发展：第一组包括杭州和宁波，第二组包括绍兴、金华、台州、温州、嘉兴，第三组包括湖州、舟山、衢州、丽水。

按生态资源条件：第一组包括杭州、丽水，第二组包括舟山、湖州、衢州，第三组包括宁波、嘉兴、绍兴，第四组包括温州、金华、台州。

按生态环境治理：第一组包括金华、台州，第二组为杭州、宁波、绍兴、湖州；第三组为嘉兴、温州、舟山，第四组为衢州、丽水。

按生态民生和谐：第一组包括杭州、宁波、嘉兴，第二组包括温州、绍兴、湖州、金华、舟山，第三组包括台州、衢州、丽水。聚类结果见图 7-12。

可见，2006—2014 年各城市在不同维度的建设上各有侧重点，有的城市同时侧重多方面建设。例如，杭州和宁波属于生态经济建设型城市；舟山、丽水、衢州、湖州属于生态资源型城市；金华、台州属于生态环境治理型城市；杭州、宁波、嘉兴则属于生态民生建设型城市。生态文明建设过程中，有的城市在生态经济发展方面投入相对较大的精力，有的城市注重生态环境治理或者把生态民生放在重要地位。大部分城市在各系统之间没能做到协调同步发展。

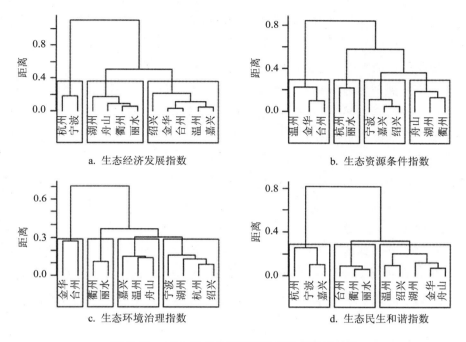

a. 生态经济发展指数　　　　　b. 生态资源条件指数

c. 生态环境治理指数　　　　　d. 生态民生和谐指数

图 7-12　11 个城市按照各系统指数值聚类结果

7.4　城市生态文明建设各系统协调程度分析

　　一个城市在生态系统之间的协调性可以通过协调系数来刻画。协调系数计算的原理是基于离散系数考察两系统之间离散程度的大小，因为所有指数值都是原始数据标准化处理后计算得到的，所以各系统的指数值具有可比性。鉴于此，我们可以画出两两系统指数之间对应关系的二元图，按照每个城市对应的二维点是否落在对角线上或者接近对角线来判断协调与否。落在对角线上的城市，说明该城市这两个系统之间处于协调状态，偏离对角线越远，则越不协调。

经济发展与资源条件的对应关系中，丽水属于低经济高资源条件；杭州、宁波、绍兴、嘉兴、温州、金华属于高经济低资源条件城市；衢州、舟山、湖州处于在图中左下角区域靠近对角线，属于低经济低资源范围，经济发展与资源条件在低水平上协调。

经济发展与环境治理之间比较。杭州、宁波属于高经济低治理的城市，金华、舟山、台州属于低经济高治理城市，绍兴、衢州、湖州、丽水、温州属于低经济低治理的协调状态。

经济发展与生态民生和谐指数之间的比较。大部分城市的取值落在对角线附近，属于经济与民生协调状况。杭州和宁波属于高经济高民生的协调状况，嘉兴、绍兴、温州属于中等指数水平上的协调，而其他城市相对而言是在低指数水平上的协调。

资源条件与环境治理比较。除了杭州、丽水、湖州位于对角线附近可以认为是在低指数水平上的协调外，其他城市都属于低资源条件高治理的状态，最明显的是金华市，有着很低的生态资源条件指数和最高的生态环境治理指数。

生态资源条件指数和生态民生和谐指数的比较。除了丽水、湖州、衢州处于低资源低民生的协调发展状况外，其他城市都属于生态资源条件指数小于生态民生和谐指数的不协调状况。

生态环境治理指数与生态民生和谐指数的比较。杭州、绍兴、宁波属于高民生低治理，金华和台州属于高治理低民生范围，相对而言，其他城市则处于中等治理和民生的协调范围。对应结果见图 7-13。

可以看出，生态文明建设在各城市存在着不同系统之间的失调状态。相对而言，大部分城市生态经济发展和生态民生和谐之间的协调性相对较高（如图 7-13c），而生态环境治理、生态资源条件与其他系统之间协调性较低。

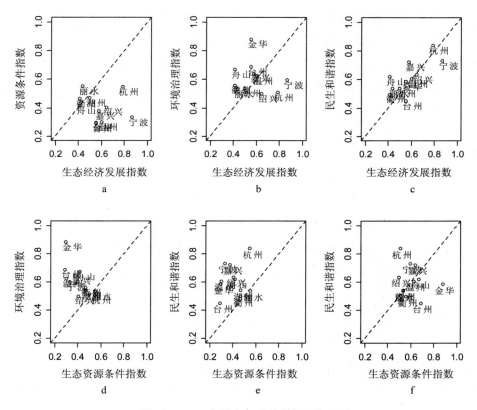

图 7-13　11 个城市各系统之间的协调性

7.5　小　结

　　本章分析了各城市历年生态文明建设水平和 4 个子系统的指数值，依据年均增长率对各城市生态文明建设水平进行了排序比较，结果显示 2006—2014 年浙江省生态文明建设取得了明显的成效，各城市在生态民生和谐方面取得的进步大于其他子系统，其次是生态经济发展，而生态资源条件和生态环境治理方面很多城市年均增长率较低。聚类分析从每个子系统角度把 11 个城市做了不同层次的划分，各城市在生态文明建设的不同维度各有侧重点。两两系统之间的协调性分析显示，只有生态经济发展与生态民生和谐指数的对比中大部分城市能达到一定程度的协调，其余两两系统之间的比较，大部分城市都出现了一个系统指数值较大地偏离另外一个指数值的不协调状况，如高经济低资源状态、高经济低治理状态、高民生低资源、高治理低民生状态等。分析的结果可以为提高这些城市生态文明建设水平政策、法规的制定提供参考和依据。

参考文献

[1] 白杨，黄宇驰，王敏，等. 我国生态文明建设及其评估体系研究进展[J]. 生态学报，2011，31（20）：6295-6304.

[2] 顾培亮. 系统分析与协调[M]. 天津：天津大学出版社，1998.

[3] 蒋小平. 河南省生态文明评价指标体系的构建研究[J]. 河南农业大学学报，2008，42（1）：61-64.

[4] 李平星，陈雯，高金龙. 江苏省生态文明建设水平指标体系构建与评估[J]. 生态学杂志，2015，34（1）：295-302.

[5] 李校利. 生态文明研究综述[J]. 学术论坛，2013，36（2）：53-55.

[6] 刘某承，苏宁，伦飞，等. 区域生态文明建设水平综合评估指标[J]. 生态学报，2014，34（1）：97-104.

[7] 田智宇，杨宏伟，戴彦德. 我国生态文明建设评价指标研究[J]. 中国能源，2013，35（11）：9-13.

[8] 王如松. 生态文明建设的控制论机理、认识误区与融贯路径[J]. 中国科学院院刊，2013，28（2）：173-181.

[9] 张欢，成金华，成军. 中国省域生态文明建设差异分析[J]. 中国人口·资源与环境，2014，24（6）：22-29.

[10] 赵景柱. 关于生态文明建设与评价的理论思考[J]. 生态学报，2013，33（15）：4552-4555.

第8章
浙江省县级层面生态文明建设评价
——以安吉和开化为例

安吉县作为全国生态文明示范县，通过近十年的发展，形成具有特色的"安吉模式"。本章叙述了安吉县生态文明建设提出的背景，安吉县生态文明建设评价的方法及生态文明指标体系设计的理论依据，提出了安吉县生态文明建设评价的指标体系，并以此为基础对安吉县生态文明建设成果进行了测量与评估。综合评价的结果表明，安吉县在生态文明建设中大部分生态指标上面都具有明显的优势，也有一些不足之处，如在教育科技的投入、医疗保障建设等方面还需要加强，对工业废气、工业固体废物的监控也需要更加严格把关，未来应该加大科技产业的研发投入，促进生态产业化。除了安吉，本章还介绍了浙江开化开展绿色发展、生态富民建设的总体背景和相应的举措、成效及经验总结，并提出了开化县绿色发展、生态富民的未来发展方向。

8.1 浙江省安吉县生态文明发展的经验

8.1.1 安吉县生态文明建设评价提出的背景

在浙江省生态文明建设的大背景下，安吉县的生态立县历程并非一帆风顺，没有任何阻力，尤其是当安吉县为了确保生态环境不被破坏而不得不损失一定 GDP 增长的时候。在实施生态立县战略的前 5 年时间里（2000—2005年），财政收入增幅大大落后于毗邻的县市，形势非常严峻。究竟是要更能彰显政绩的 GDP，还是要生态环境保护与经济社会发展同步走，甚至宁可暂时放缓经济 GDP 增速也要保护住绿水青山，这是摆在每一届县委、县政府主要领导面前的重大现实课题。难能可贵的是，历届决策者皆坚守生态立县不动摇，同心同德，继往开来，不仅实现了发展理念的薪火相传，而且使经济社会步入了良性循环的发展轨道。

在习近平同志的重视、关心和指导下，安吉于 2006 年 6 月创建了全国第一个生态县，这也是浙江迄今为止唯一的一个国家级生态县。2005 年，时任浙江省委书记的习近平同志在安吉调研时指出：从当前农业和农村所发生的深刻变化来看，中国农业和农村经济正在进行战略转型，创新发展模式，而建设社会主义新农村，关键就在于加快农业和农村经济增长方式的转变，推进传统农业向现代农业的转变，实现农业产业化经营，提高农业经济效益，增加农民收入，不断增强农业和农村经济发展的可持续能力。作为一个典型的山区县，安吉面对激烈的区域竞争，没有选择走工业化、城市化的发展路子，而是抓住自身生态资源丰富、生态环境优美的优势，打生态牌，坚定不移地实施"生态立县"战略，经过十几年的坚持不懈和艰苦奋斗，生态文明建设走在了全省乃至全国的前列，走出了一条既具时代特征又有安吉特色的发展路子，积累了生态文明建设的有益经验，创造了环境优美、经济繁荣、发展协调、社会和谐等诸多成果，形成了特色鲜明、鲜活生动的生态文明建设的"安吉模式"（任重，2013）。

在此背景下，为了使生态文明建设的内容能够具体量化，对生态文明建设的评价指标有迫切的需求。而生态文明建设的评价又与其他评价不同，其评价的目的在于反映或者体现出在生态文明建设的进程中人民对其所处的社会环境的总体感受或者满意程度，指出生态文明建设过程的不足，进而促进生态文明建设。

8.1.2　安吉县生态文明建设评价方法

20 世纪 90 年代之前，国内对生态文明的研究相对较少，国外学者虽然没有直接提出"生态文明"一词，但是国外有大量的学者对"可持续发展"做了一系列研究，可与生态文明联系起来。评价方法主要出现以下 4 种方式，各有其优缺点。

加拿大生态经济学家威廉·里斯（Willian Rees）在 1992 年提出了生态足迹法，通过比较某一区域内生态足迹与生态承载力的差异，来评价该区域的可持续发展状况，其原理在于将区域内人口生存所需的各种资源及其产生的各种废弃物转化为耕地、草地、林地、建筑用地、化石能源用地和水域等 6 种生物生产性土地面积，再将其折算成全球统一的、具有相同生物生产力的土地面积。通过比较区域内的生物生产性土地总需求和该区域生物生产性土地的总供给的差异，来评价该区域的可持续发展状况。该方法的测算原理简单，可以通过计算机程序来实现各项资源的转化计算，容易被人们接受，因此易于推广。但是该方法也有其缺陷，最大的缺陷在于忽略了生态文明的其他方面，如经济、社会发展、制度建设等方面，而着重于人类对于自然资源的利用，不能全面反映生态文明建设。同时，生态足迹法的前提条件是在某一封闭的区域，忽略被评价区域和其他区域的生活、生产交换（严也舟等，2013）。

世界银行在哈克维克（Harkwick）准则和弱持续理论的基础上，提出以货币化的方式来衡量区域可持续发展水平的方法——真实储蓄法。真实储蓄法将资源、环境与经济发展紧密结合在一起，但是其原理在于将环境、资源等都货币化，而在现实生活中许多因素很难货币化，并且资源的价格也会随着市场的波动而波动，从而影响指标的评价效果，并且该方法也没有考虑到制度、社会生活、文化等方面的因素，因此评价也不全面。

能值分析法是美国生态学家奥德姆（Odum）对生态系统的能量学进行系统、深入分析的基础上提出的一种生态系统可持续的理论和方法。它是基于热力学定律、能量等级原理等理论，将生态系统内的不同类别的能量和物质转换为同一标准的能值，据以衡量系统的财富，进而可以用来衡量可持续发展的能力。能值分析方法具有其自身优势，在能值分析中，它所转化的标准能值为太阳能，将生态学与经济学连接起来，克服了传统的经济学与能量分析方法中不同资源价值不可加总的局限。但是其计算过程复杂，而且不准确，无法准确判定系统是否具备持续性。

指标体系综合评价法是选择一系列能反映生态文明建设各方面特征的指标，从而构建一个多指标体系，通过对指标体系计算合成，对区域生态文明建设状况进行综合评价的方法。指标体系综合评价法不仅通过最终的指标对生态文明建设情况进行评价，也可以对各子系统进行单独评价，可以反映被评价地区生态文明建设各个方面的具体情况，可以较好地识别生态文明建设区域差异的具体表现，同时指标体系综合法还能较好地把动态评价指标和静态评价指标相结合，反映区域生态文明建设的力度、效率和效果。指标体系综合法的这些特点使得指标体系综合法的结果能够为区域生态文明建设政策的制定提供相对具体的决策依据。因此，指标体系综合评价法受到大量研究者的青睐（侯鹰等，2012）。

我们准备选择生态文明建设指标体系综合评价方法对安吉生态文明建设水平及绩效进行测量与评价。

利用指标体系综合评价法来评价生态文明建设，在选择主要指标进入指标体系的过程中，需要遵循一定选取原则。安吉县的生态文明建设评价指标选取遵循了可操作性原则、客观量化与主观感受相结合的原则、完整性与重点突出原则、独立性原则和代表性原则（胡广，2016）。

8.1.3 安吉县生态文明评价指标体系

安吉县在现有的国家对美丽乡村的建设的标准（美丽乡村建设指南）之下，对安吉县具有针对性的建设，并针对县域级别提出了中国美丽乡村（安吉）幸福指数。该体系在一定程度上反映了生态文明建设的内涵。其主要特征在于对幸福指数的评价结果分为主观评价结果、客观评价结果。在两种评价方法中，都是从乡村经济、乡村生态、乡村民生和乡村文明，而客观评价过程中还加入了乡村发展。

虽然以往学者关于生态文明指标体系指标的选取各有不同，但普遍存在着重经济指标、轻思想教化的倾向，对引导人们树立正确生态文明观念的生态文明教育关注度不够，对思想教化、生态文化、保障体系等方面缺乏评价。

借鉴已有的学者的研究，结合安吉县发展现状的前提下，为体现指标的共同性，根据指标设计原则，选取了如表 8-1 所示的指标体系。安吉提出的是一套相对简单，比较全面的指标体系，将该县的生态文明评价从以下几个方面展开。

表 8-1　生态文明建设评价指标体系

目标层	系统层	指标层	指标属性（正/逆）
生态文明建设综合评价	生态经济指标	单位 GDP 能耗	逆
		第三产业占总产值的比重	正
		清洁能源占总能源比重	正
		高新技术增长占总经济增长比重	正
		单位 GDP 二氧化硫排放量	逆
	生态环境指标	森林覆盖率	正
		城市建成区绿地覆盖率	正
		空气优良率	正
		污水排放处理率	正
		垃圾无害化处理率	正
	生态社会文化、生活	人口增长率	逆
		人口性别比	逆
		城镇登记失业率	逆
		城镇居民人均可支配收入	正
		城乡收入差异	正
		基本养老保险参与率	正
		每万人拥有医院床位数	正
	生态制度保障	环境支出占政府总支出比重	正
		科技与教育支出占政府总支出比重	正
		社会保障与医疗支出占总支出比重	正

8.1.3.1　生态经济指标

在一段时期内，对于经济的评价更多的是关注 GDP 的大小以及其增长率的大小，而忽略其他方面的因素。联合国 1993 年首次公布了《环境与经济综合核算体系》，提出了绿色 GDP 的概念。绿色 GDP 是指在传统 GDP 的基础上扣除由于环境污染、自然资源退化、教育低下、人口数量失控、管理不善等因素引起的经济损失成本（程永前等，2005）。但是对于绿色 GDP 的核算没有统一的标准，一般而言，计算绿色 GDP 很复杂，所以将以下几个指标来代表生态经济，在一定程度上体现生态。

（1）单位 GDP 二氧化硫排放量。在污染物排放中主要是氮氧化物以及二氧化硫的排放量。该指标为逆指标。

（2）单位 GDP 能耗。该指标是指平均每万元 GDP 所消耗的能量的多少，每万元消耗的能量越少，则效率越高，生态经济水平也越高。该指标为逆指标。

（3）第三产业占总产值的比重。第三产业代表的低消耗、低排放、低污染、高产出的产业，以服务业等为主，而第二产业主要为工业。该指标代表了产业结构的状况，第三产业在总的产业结构中所占的比重越高，则生态经济水平越高。该指标为正指标。

（4）清洁能源占总能源比重。该指标是指在生活生产中所消耗的各种能源的量中清洁能源消耗所占的比重，一般来说，清洁能源是指太阳能、电能、风能、天然气等。清洁能源消耗占总能源中的比重能代表能源消耗结构。该指标为正指标。

（5）高新技术产业主营业收入占 GDP 比重。高新技术是经济转型升级的重要动力，也是减少污染物排放的重要手段。在生态文明建设的条件下，高新技术主营业收入越高，则表明生态经济发展越好。该指标为正指标。

8.1.3.2　生态环境指标

生态环境是指影响人类生存与发展的水资源、土地资源、生物资源以及气候资源数量与质量的总称。生态环境保护目标是通过生态环境保护，遏制生态环境破坏，减轻自然灾害的危害；促进自然资源的合理、科学利用，实现自然生态系统良性循环；维护国家生态环境安全，确保国民经济和社会的可持续发展（谭建立，2013）。用以下指标进行评价。

（1）森林覆盖率。该指标体现了对自然资源的保护，同时也体现了对森林环境的保护。该指标为正指标。

（2）建成区绿地覆盖率。该指标体现了城市规划中绿化的要求，是提高区域整体绿化的重要方面。该指标为正指标。

（3）空气优良率。通过测量监控空气中各种有害物的浓度，设定相关标准，能在一定程度上反映污染物的排放情况。该指标为正指标。

（4）污水排放处理率。该指标反映水资源的利用和处理，对河流污染程度，同时也能保护水资源的质量。该指标为正指标。

（5）垃圾无害化处理。该指标主要是指生活垃圾的分类处理、循环利用等。该指标为正指标。

8.1.3.3　生态社会文化、生活

该指标层主要是从社会文化和社会生活两个方面展开，社会文化主要指居民生态文化方面的。而生态社会生活则指与人们息息相关的一些指标。主要涉及人口、医疗保障、生活水平等方面，用以下指标来表示。

（1）人口增长率。人口增长率是出生率与死亡率之差，反映了社会人口增长的快慢。该指标为逆指标。

（2）人口性别比。该指标反映社会中男女比重，是体现社会男女平等的一个重要指标，在社会整体男性偏高的状况下，该比重也属于逆指标。

（3）城镇登记失业率。该指标是反映就业水平的指标，同时也是社会安定的隐藏指标。该指标为逆指标。

（4）城镇居民可支配收入。该指标是反映城镇居民生活水平的重要指标，该指标值越高，居民生活水平越高。该指标为正指标。

（5）城乡收入差异。以农村居民纯收入与城镇居民可支配收入比为该指标数值，反映城乡贫富差异大小。该指标为正指标。

（6）基本养老保险参与率。作为反映社会保障的一个代表性指标，该指标反映出社会对老人福利保障的水平。该指标为正指标。

（7）每万人拥有医院床位数。该指标反映地区的整体医疗基础建设水平，是人民生活的重要保障。该指标为正指标。

8.1.3.4　生态制度

生态制度主要是从政府的角度来说，政府在生态文明建设方面所做出的政策法规，促进生态文明建设的宣传工作等，为了将其量化，选取的指标为环境污染治理投资占政府总支出的比重，科技与教育支出占政府总支出比重，社会保障与医疗支出占总支出的比重。

8.1.3.5　综合评价

安吉生态文明建设评价指标体系由上述 5 个方面来组成，在实际的评价过程中涉及的问题还有许多，如指标数据的处理以及权重的确定。

指标权重是指在指标评价过程中对各指标相对重要程度的一种综合度量，确定指标权重系数是综合评价中的核心问题。指标权数的确定方法一般

161

分为主观赋权法（如专家打分法、评价区间统计法、层次分析法等）和客观赋权法（如灰色决策法、主分量分析法等）。其中较为常用的是层次分析法，也称为层次权重解析法（AHP），主要是通过建立层次模型、构造判断矩阵、计算权向量并做一致性检验等步骤计算并确定各层次构成要素对总目标的权重（蓝庆新等，2013）。安吉县在评价过程中基于生态文明建设各方面并重的特征，给予每个子系统相同的权重，用以代表其在生态文明建设中的重要性。

指标无量纲化处理。由于各指标单位不同，在比较过程中，必须对其进行无量纲化处理，以使各指标具备比较分析基础。在现有的各种文献中，常用的无量纲化法有标准化法、均值化法和极差正规化法。

标准化法是将每一变量值与其平均值之差除以该变量的标准差，无量纲化后的各变量平均值为0，标准差为1，虽然消除了量纲和数量级的影响，但同时也消除了各变量在变异程度上的差异，不利于反映各城市真正的生态文明建设水平及其差异。均值化法是将每一变量值除以该变量的平均值，标准化后各变量的平均值都为1，标准差则保留原始变量的变异系数。该方法虽然做到了在使数据之间具备可比性的同时保留变量变异程度信息，但不能直接适用于逆向指标。极差正规化法不仅能够最大限度地体现变量的变异程度，而且对于正向指标和逆向指标存在不同的处理方法，实用性和可靠性较强（蓝庆新等，2013）。安吉县生态文明评价过程中采取的方法为类似极差正规化法，对每一组数据进行处理。

为体现各指标具有相同的重要性，赋予各指标以相同的权重。同时也给予了更多的权重在生态环境和生态社会文化生活方面，更加注重人们生活方面的建设。

8.1.4　安吉县生态文明建设成果评价

8.1.4.1　安吉状况

安吉地处浙江、杭嘉湖平原西北部，长三角中心区，北临太湖，南接天目山，毗邻沪杭宁，县域面积 1 886 km²，常住人口 45 万，辖 10 镇 5 乡 1 街道和 1 个省级经济开发区。"七山二水一分田"，是湖州地区典型的山区县，全县植被覆盖率 75%，森林覆盖率 71%。山林 200 万余亩，其中竹林 108 余万亩，立竹量 1.7 亿株，位居中国十大竹乡之首。全县 1/3 的劳动力从事与竹子有关的职业，农民 1/3 以上的收入来自竹业，素有"世界竹子看中国，中国竹子看浙江，浙江竹子看安吉"之美誉，是名副其实的"中国竹乡"，成为长三角地区名副其实的"绿肺"。

近 10 年来，安吉县充分发挥"绿水青山"与"金山银山"的重要论断，全力支持农村建设、文化建设、金融改革、科技进步、森林保护等各个方面的建设，以"三山"理论为基础，推进安吉县生态文明发展。

8.1.4.2 安吉生态经济建设评价

安吉是一个山区农业县，曾经是一个贫困县。20 世纪 80 年代，为了改变贫困面貌过上富裕的生活，采取"工业强县"的举措，遵循现代"工业模式"，引进传统工业如印染、化工、造纸、建材等产业企业，大干几年。虽然 GDP 上去了，摘掉了"贫困县"的帽子，但是美丽富饶的生态环境遭到严重破坏。1989 年被国务院列为太湖水污染治理的重点区域，受到"黄牌"警告。在太湖治理"零点行动"中，不得不投入巨资，对 74 家污染企业进行强制治理，关闭 33 家污染严重的企业，为"工业强县"付出了沉重的代价。2001 年 1 月，安吉县政府调整安吉的发展方向，提出"生态立县——生态经济强县"的重大决策，开启生态文明建设进程（余谋昌，2013）。特别是在 2005 年，习近平总书记在安吉调研提出了"绿水青山就是金山银山"的论断之后，安吉县在经济发展方面更加注重绿色经济发展。

安吉经济主要是建立在农业上的经济，但是安吉并非单纯农业经济，它将"一二三"产业融合在起来，协调推进。培育竹林产出毛竹，被称为第一产业；全竹利用，成为制造业的第二产业：这些需要社会、经济和文化，特别是科学技术的发展和支持，而且它生产出美丽的风景和丰富的文化：依托竹子博览园和"中国大竹海"等景区，发展旅游业，兴办"竹海人家"之类的农家乐，现在全县有 1 000 多家农家乐，吸引国内外宾客，2009 年安吉接待游客 544 万人次，旅游收入 22 亿元：竹业又是第三产业。

为促进经济的多元化发展，按照"一村一业"建设导向思想，建设 40 个工业特色村、98 个高效农业村、20 个休闲产业村、11 个综合发展村。通过积极探索乡村旅游、物业开发、规模农业等乡村多元化经营路子，壮大村集体经济。

在立足于竹产业的基础上，安吉还大力发展绿色产业，形成具有特色的
"一竹三叶"（茶叶、桑叶、烟叶），发展生态经济。

创新旅游开发机制，加强行业合作和市场化运作，进一步突出"中国竹
乡、生态安吉"主题，集中力量打响"黄浦江源、中国大竹海、天荒坪水电
奇观、昌硕故里"四大品牌，把安吉打造成休闲设施完善、休闲项目多样、
休闲环境优化、休闲消费合理、休闲市场广阔、休闲经济持续健康发展的长
三角乃至全国范围内旅游品牌目的地（任重，2012），使休闲经济成为安吉的
优势产业、富民产业和生态产业，建成休闲经济大县、强县。

（1）单位 GDP 能耗。为了"生态""高效""优质"的目标，安吉加快推
进新兴产业发展，减少传统低小散项目，放大科技和管理创新的乘数效应，
坚决淘汰消除高能耗、高污染产业。作为经济的一个重要指标，在绿色 GDP
的思想广泛推广的形势之下，万元 GDP 能耗代表着社会经济发展的清洁程度，
在一定意义上来说，单位 GDP 能耗能代表产业结构的变化和科技水平的提高，
单位 GDP 越高，说明 GDP 的绿色化越好。

安吉县从 2006 年开始，单位 GDP 能耗就在不断降低。2007 年，其降低
幅度达到了 4.05%。至 2014 年，单位 GDP 能耗降低大约 26%，将近 1/3。从
数据来看，2014 年单位 GDP 能耗是 2006 年的 73.7%（表 8-2）。

表 8-2　安吉县单位 GDP 能源消耗

指标	2009 年	2010 年	2011 年	2012 年	2013 年	2014 年
能耗降低幅度/%	3.3	1.81	2.7	3.8	2.8	8.3
与基期相比的比重/%	90.0	88.4	86.0	82.7	80.4	73.7

数据来源：安吉统计年鉴，以 2006 年为基期。

（2）第三产业占总 GDP 比重。安吉县近年积极调整产业结构，促进产业
转型升级。三大产业相互融合，协调发展，促进生态经济发展。以产业的生
态化发展为手段，通过重点打造两大世界制造中心（世界椅业制造中心、世
界竹产品制造中心），壮大三大新兴产业（绿色食品、机械五金、新材料），
培育两大高新技术产业（新型医药、电子信息），促进主导产业的提档升级，

壮大新兴产业，筛选 100 家有发展后劲的企业走新型工业化之路，建设"长三角"先进特色制造业集聚区。

第三产业在总 GDP 中所占比重逐年上升。从 2005 年的 37.5%上升到 2014 年的 42.6%。整体上升了 5%。第三产业 GDP 的绝对值也从 2005 年的 332 028 万元上升到 2014 年的 1 213 062 万元。根据国家统计局网站显示，2014 年第三产业增加值占国内生产总值的比重为 48.2%，安吉县在第三产业方面的发展还是相对比较落后，具体见表 8-3。

表 8-3　安吉县第三产业占 GDP 比重　　　　　　　单位：万元

指标	2009 年	2010 年	2011 年	2012 年	2013 年	2014 年
GDP	1 590 331	1 901 271	2 220 504	2 460 024	2 654 275	2 850 579
第三产业 GDP	600 360	724 238	901 113	1 016 399	1 101 261	1 213 062
比重/%	0.38	0.38	0.41	0.41	0.41	0.43

数据来源：安吉县国民经济与社会发展统计公报。

（3）清洁能源占总能源消耗的比重。近年来，安吉县清洁能源消耗在总能源消耗中所占的比重变化稳中有降，总能源消耗有所上升。电力作为已被利用起来的主要清洁能源，在经济发展中所占的比重越来越大，单位 GDP 电力消耗随着单位 GDP 能耗的降低反而上升，说明电力在降低单位 GDP 能耗和化石能源消耗方面起到了一定作用。

（4）高新技术产业主营业务收入占总 GDP 比重。高新技术是指那些对一个国家或一个地区的政治、经济和军事等各方面的进步产生深远的影响，并能形成产业的先进技术群，促进产业转型。其主要特点是高智力、高收益、高战略、高群落、高渗透、高投资、高竞争、高风险。2014 年安吉县高新技术产业实现主营业务收入 132.15 亿元，占总 GDP 的比重为 46.36%，相比 2009 年大幅度增加，安吉县高新技术产业发展迅速。而根据中国国家统计年鉴数据显示，2013 年全国的高新技术产业主营业务收入占 GDP 的比重为 19.7%，比安吉的（28.12%）要小。安吉县在高新技术产业方面已具备一定优势，具体见表 8-4。

表 8-4　安吉县主营业务收入与 GDP 比重

指标	2009 年	2010 年	2011 年	2012 年	2013 年	2014 年
主营业务收入/亿元	21	28.07	28.18	40.85	74.65	132.15
主营业务收入占总 GDP 比重/%	13.20	14.76	12.69	16.61	28.12	46.36

数据来源：安吉县国民经济与社会发展统计公报。

（5）单位 GDP 二氧化硫排放。二氧化硫作为主要污染之一，减少单位 GDP 二氧化硫的排放量是生态经济的必然要求，目前对二氧化硫排放量的数据还相对较少，缺乏有效数据，但是安吉县对在全县很多区域都有相应的空气监控点，对空气中的二氧化硫含量进行监控，同时也对其他类似有害气体进行了监控，变相地对二氧化硫排放进行了有效控制。

8.1.4.3　安吉生态环境评价

2007 年安吉县森林旅游景点已有 16 个，其中 AAAA 级景区 2 个，其中国家级森林公园 1 个、省级森林公园 1 个。严格采伐限额管理，采伐发证率 100%，凭证采伐率 95%以上，全县森林和自然保护区的建设与管理不断加强。全县现有古树名木 3 768 株，分属 36 科、57 属、70 种。其中散生古树 1 408 株，古树群 53 片计 2 360 株，主要树种有枫香、马尾松、银杏、麻栎、柳杉、香樟等。按保护级别分，一级保护古树 37 株，二级保护古树按树龄分 101 株，三级保护古树 3 542 株，名木 88 株。各乡镇均有分布。

自 2005 年"三山"理论提出以来，累计投入"中国美丽乡村"、生态资金、村庄环境整治、风情小镇及老集镇改造、五水共治等各项新农村建设资金达 10.34 亿元。在财政投入方向上，除确保创建资金外，还重点突出污染治理和清洁能源使用的财政奖励投入。另外，整合部门资源，积极争取上级资金。截至 2014 年年底，就垃圾、污水处理、风情小镇建设、水环境整治等项目申请中央资金 5.5 亿元。2012 年，成功申报农村生活污水处理世界银行贷款示范项目，争取世界银行贷款 2 亿美元。

（1）森林覆盖率。1998—2007 年，安吉县森林覆盖率从 69.4%提升到 71.1%，目前保持在 71.1%的水平上。2013 年共完成造林面积 1 075 hm²。封山育林面积 34 649 hm²。2014 年共完成造林面积 1 243 hm²。封山育林面积

35 324 hm^2。城区扩大的同时，森林覆盖率没有降低。而近年来，全国森林覆盖率维持在 21.6%，远远低于安吉目前的森林覆盖率。

（2）城市建成区绿地覆盖率。安吉县建成区面积在不断扩大，但是在扩大的同时，城市建成区的绿化工作并没有落下太多，但是相比较 2009 年的绿化覆盖率（43.1%）有所降低，2010 年绿地覆盖率为 40.5%，2011 年为 41.8%，2011 年为 41.4%，2013 年为 40.4%，2014 年为 40.5%。总的来说建成区绿化覆盖率在近年来有所降低。

（3）空气优良率。安吉县在全县设置多个空气监控点，并制定环境质量月报。对二氧化硫、二氧化氮、一氧化氮以及 PM$_{2.5}$ 等有害气体进行空气含量监测。数据显示，2009 年安吉市区空气质量优良率为 89.5%，2010 年为 93.1%，2011 年为 95.3%，2012 年、2013 年、2014 年分别为 95.4%、89.4%、71.8%。数据显示安吉县的空气质量有所下降，污染物排放有所增加。

（4）污水排放处理率。近年来，安吉县污水处理力度在不断加大，污水处理率在不断上升。2009—2014 年从 81.8% 提升到了 90.28%，而水中的主要污染物为含有重金属以及易造成水质富营养化的含磷、氮、氨等的化合物，具体数值如表 8-5 所示。

表 8-5　安吉县污水处理率

单位：%

指标	2009 年	2010 年	2011 年	2012 年	2013 年	2014 年
污水处理率	81.8	83	84.8	88.49	89.1	90.28

数据来源：安吉县国民经济与社会发展统计公报。

（5）垃圾无害化处理率。政府部门采取有利于城市生活垃圾综合利用的经济、技术政策和措施，提高城市生活垃圾治理的科学技术水平，鼓励对城市生活垃圾实行充分回收和合理利用。安吉县对城市垃圾处理高度重视，数据显示，从 2009 年到 2014 年，安吉县的垃圾无害化处理率均为 100%，数据如表 8-6 所示。

表 8-6 垃圾无害化处理率   单位：%

指标	2009 年	2010 年	2011 年	2012 年	2013 年	2014 年
垃圾无害化处理率	100	100	100	100	100	100

数据来源：安吉县国民经济与社会发展统计公报。

8.1.4.4 安吉生态社会生活、文化评价

在安吉乡村地方文化中，既有"孟宗哭竹""大竹竿""花毛竹"等有关竹的典故传说，化龙灯、捏油文化、撑筏文化等传统竹文化，也有竹乐、竹工艺品、竹子园林盆景、竹图绘画、竹物品、竹工具、竹文学艺术、竹俗等现代民间文化，竹文化活动现已在安吉乡村得到比较广泛的开展。

2005 年"三山理论"提出以来，安吉生态生活建设有了很大改善，特别是 2008 年以来，安吉 187 个行政村，完成创建 179 个，其中精品村 164 个，可创建村全部开展了创建，12 个乡镇实现创建全覆盖。农村基础设施完善延伸，农村污水处理实行"就近入网、就地净化"分类处理，垃圾无害化处理率达到 100%。政府部门提高了服务水平。基层组织战斗力和公信力大幅提升，农村基层干部的群众威信、办事能力、工作水平都有了很大的提高，基层服务设施得到大幅提升，全县 80%以上的村完成中心村建设、服务中心建设和健身路径、篮球场、农民广场的建设。同时加强了各种社会保障基础设施建设，提高人民生活质量。近三年来逐一推出"文化年、展示年、幸福年"系列主题，开展大型活动 16 场次。

作为综合评价生态社会生活、文化的幸福指数在逐年上升，在以 2011 年为基期的情况下，2013 年幸福指数（主观）达到 136.44，而客观幸福指数达到 101.40。

（1）人口增长率。安吉县总人口数相对比较稳定，出生率比死亡率高一些，差距不大。控制人口增长也是我国目前的基本国策，虽然在政策上有所放宽，但是整个人口数量还是相对比较庞大，控制人口增长率也是生态文明建设的内在要求之一。数据显示，2013 年及 2014 年，人口出生率有所提升，老龄化程度加深也导致了死亡率有所提升，但是总体人口自然增长率还是为正数（在 2012 年，人口出现负增长，人口总量有所下降）。2013 年，全国人

口自然增长率为 4.92‰，而 2014 年为 5.21‰。在政府的引导下，人们的观念转变较大，提倡优生优育，既能有效控制人口增长，也能提高生育质量。数据如表 8-7 所示。

表 8-7　安吉县人口增长率　　　　　　　　　　　　　　单位：‰

指标	2009 年	2010 年	2011 年	2012 年	2013 年	2014 年
人口增长率	0.9	0.7	1.7	−1.77	3.2	2.7

数据来源：安吉县国民经济与社会发展统计年报。

（2）人口性别比。在整个社会发展很长一段时间内都普遍存在重男轻女的思想观念，新中国成立以来，女性的地位在不断提升，特别是近年来，人们的思想观念转变很快，男女比例失衡状况得到了一定的改变。安吉县人口中男女人数相差不多，在 2010 年到 2012 年接近平衡。在全国来看，目前男女差异还比较大，男多女少的局面还没有改变。2014 年全国男女人数差达到3 200 多万，相对 2013 年的 3 300 多万有所减少。近年来全国男女性别比基本维持在 1.05，且在慢慢变小，而安吉在男女差异方面相对来说较小，体现女性地位的提升和人们思想的进步，具体数值如表 8-8 所示。

表 8-8　安吉县人口性别比

指标	2009 年	2010 年	2011 年	2012 年	2013 年	2014 年
男女性别比	1.01	1.00	1.00	1.00	0.99	1.01

数据来源：安吉县国民经济与社会发展统计年报。

（3）城镇登记失业率。城镇登记失业率关系到社会安定以及民生福祉，根据菲尔普兹曲线，失业率应控制在 4%以下。安吉县城镇登记失业率近年来一直都保持不超过 3%，反映了社会就业情况整体良好。而全国城镇登记失业率近五年来都为 4.1%。安吉在就业方面工作相对较好。安吉县近年失业率数值如表 8-9 所示。

表 8-9 　安吉县城镇登记失业率 　　　　　　　　单位：%

指标	2009 年	2010 年	2011 年	2012 年	2013 年	2014 年
城镇登记失业率	3.0	3.0	3.0	2.9	2.9	2.9

数据来源：安吉县国民经济与社会发展统计年报。

（4）城镇居民人均可支配收入。安吉县城镇居民人均可支配收入截至 2014 年已达到 3.8 万元，相比较 2009 年的 2.2 万元，增加了 1.6 万元，增幅达到 73%。根据数据来看，2010—2012 年，年增长幅度都达到 10%以上，2013 年和 2014 年增长幅度分别为 9.5%、7.6%，虽然增长幅度有所下降，但是增长的绝对数额却没有减少，反映了安吉县人民生活物质保障方面的不断提升。从具体数值上来看，2012 年全国城镇居民人均可支配收入为 24 564.7 元，安吉为 32 211 元，为全国平均水平的 1.3 倍，具体数值见表 8-10。

表 8-10 　安吉县人均可支配收入 　　　　　　　　单位：元

指标	2009 年	2010 年	2011 年	2012 年	2013 年	2014 年
人均可支配收入	22 484	25 205	28 679	32 211	35 286	37 963

数据来源：安吉县国民经济与社会发展统计年报。

（5）城乡收入差异。安吉县采取"一乡一业"等政策，建设 40 个工业特色村、98 个高效农业村、20 个休闲产业村、11 个综合发展村，缩小城乡收入差异，虽然从数据显示来看，城乡收入的比例变化不大，但近三年还在稳步上升。且农村居民可支配收入还是有所增加，2014 年，农村居民可支配收入达到 21 562 元，名义增长 10.7%。2012 年，全国整体农民收入与城市居民可支配收入的比为 0.32，安吉县为 0.49。安吉在积极发展农村经济，缩小城乡贫富差距的举措有明显效果，数值见表 8-11。

表 8-11 　安吉县城乡收入差异

指标	2009 年	2010 年	2011 年	2012 年	2013 年	2014 年
城乡收入差异	0.50	0.51	0.49	0.49	0.50	0.57

数据来源：安吉县国民经济与社会发展统计年报。

（6）基本养老保险参与率。基本养老保险是社会福利保障的一部分，是提高居民幸福指数的重要方面。安吉县基本养老保险参与率在逐年上升，2009年仅为 21%，而到 2014 年增长了一倍达到 46%，保持在比较高的水平。相对全国而言，2014 年全国城镇基本养老保险参与率为 45.5%，而 2013 年为 44%。安吉县近年数据见表 8-12。

表 8-12　安吉县基本养老保险参与率

指标	2009 年	2010 年	2011 年	2012 年	2013 年	2014 年
基本养老保险参与率	0.21	0.26	0.30	0.37	0.43	0.46

数据来源：安吉县国民经济与社会发展统计年报。

（7）每万人拥有医院床位数。安吉县注重基本医疗设施建设，截至 2014 年年底拥有医疗卫生机构 218 个，其中医院 6 家、卫生院 27 家、妇幼保健院 1 家、社区卫生服务站 160 个。拥有医疗床位 1 859 张，其中医院床位 1 821 张；卫生技术人员 2 854 人，其中执业医师 756 人、执业助理医师 236 人、注册护士 961 人。每万人拥有的医院床位数为 40 张，对比 2009 年，增长幅度达到 38%。同时，数据显示，从 2011 年开始，加大了对医疗设施建设的力度，每万人拥有医院床位数在不断上升。而相对于全国而言，安吉县在医疗方面并不具有太大的优势，2012 年全国万人拥有医院床位为 39，而安吉县为 33，具体数据如表 8-13 所示。

表 8-13　安吉县每万人拥有医院床位数

指标	2009 年	2010 年	2011 年	2012 年	2013 年	2014 年
每万人拥有医院床位数	29	29	32	33	39	40

数据来源：安吉县国民经济与社会发展统计年报。

8.1.4.5　安吉生态保障制度评价

2012 年，安吉县被省政府确定为"亩产税收"试点县，按照"提标准、稳基数、重激励"的原则全面开展以纳税人"亩产税收"贡献为标准的调整城镇土地使用税政策试点工作，通过全面提高城镇土地使用税征收标准，提高企业土地持有成本，鼓励高效节能好的项目，禁止和限制高能耗、高污染、低效益项目准入，促进产业转型升级和经济发展方式转变。

在经济政策方面制定出台《关于加快推进竹产业转型升级的若干意见》《安吉县人民政府关于印发安吉县加快科技创新若干政策》等政策。

在资源环境方面。一是自2011年以来，安吉县委县、政府为彻底扭转县域局部地区"靠山吃山、靠水吃水"资源消耗型经济发展方式，先后出台并实施了河砂禁采和矿山限采等生态保护的政策与措施。二是公路部门每年投入1 500万元，并合理制订资金使用计划；乡镇每年投入不少于150万元的管养专项资金，发动群众投工投劳；行政村通过"一事一议"的方式集资养路，确保农村公路管养工作稳步推进。2008—2014年，共投入生态公路养护资金2亿多元。三是实施"绿色工程"战略，出台《安吉县公路绿化发展规划》和《安吉县交通亮丽工程实施意见》，在公路范围内对所有山林实施封山育林作为生态公益林，目前，该类生态公益林已达62.4万亩，沿线公路两侧基本形成大生态化格局。2011年4月，首次尝试将农村生态公路养护实行市场化运作。由开发区（递铺镇）将辖区内的35条乡道、101条村道，总里程283 km的生态道路三年养护权，面向社会上具有公路养护资质的企业进行公开招标。之后，安吉县公路管理局逐步试点将干线公路推向养护市场化。四是制定《关于进一步加强全县机制砂石管理工作的意见》，对不符合规划的证照齐全机制砂加工企业进行搬迁，重新联合审批机制砂场16家。五是完成了《安吉县林地保护利用规划（2010—2020年)》。严格按照森林采伐限额管理，核发采伐证。"十二五"期间完成林地征占用共计356项，已经审批354项，核发采伐证6 593份，依法行政，核发许可证，严格执行限额采伐、无超额采伐，严格控制乱砍滥伐现象。六是党的十八大以后，加大了殡葬改革的力度，出台了《安吉县殡葬惠民政策实施办法》《关于推进殡葬改革促进殡葬事业科学发展的意见》《关于党员干部违反殡葬改革政策行为党纪政纪处分及组织处理的暂行规定》和《农村墓地管理办法》。

在社会生活文化方面：2014年下发《安吉县教育局关于进一步深化"美丽学校"工作实施意见》。县农村社区综合服务中心得到全覆盖，便民服务运作规范、服务项目齐全，服务手段多样，农村居民不出社区便可享受完善的服务。党的十八大以后，积极响应"反四风"的号召，通过广泛的调研，坚持以问题为导向，以群众需求为导向，在村务公开和民主管理的有效机制建设、公开渠道建设等方面不断创新，基层自治更加充分，特别是实行了村（社区）事务准入制，极大地减少了形式主义的干扰，切实减轻基层负担，有效解放了村（社区）干部的时间和精力，群众得到了更加贴心的服务，基层群众满意度不断提高。

（1）环境支出占政府总支出比重。安吉县在环境保护支出占政府总支出方面的比重在近年来有所下降，但是在环境支出的经费额度却没有下降。政府总支出在不断增加，整体增加幅度与环境保护支出增加幅度相比较小，在其他方面投入了比较大的力度。从数据上可以看出，2014 年环境支出占政府总支出的 6%，而在 2009 年该比重为 11%。近年来安吉县的环境支出占总支出水平和全国整体水平接近，2013 年全国环境污染治理投入占财政总支出的比重为 0.074，2012 年该数据为 0.07。安吉县近 6 年数据见表 8-14。

表 8-14　安吉县环境支出占政府总支出比重

指标	2009 年	2010 年	2011 年	2012 年	2013 年	2014 年
环境支出占政府总支出比重	0.11	0.12	0.09	0.08	0.07	0.06

数据来源：安吉县国民经济与社会发展统计年报。

（2）科技与教育支出占政府总支出比重。积极发展科教兴国战略，安吉县科技与教育支出占政府总支出的比重变化不大，2013 年达到近六年来最高，为 28%。2010 年该比重偏低。但是随着总支出的增加，科技与教育支出也增加。该比重比国家在科技与教育方面的投入比重要小一些，2012 年在教育与科技方面的投入占政府总支出的 30%以上，2012 年占政府总支出的 29.8%，具体数据如表 8-15 所示。

表 8-15　安吉县科技教育支出占政府总支出比重

指标	2009 年	2010 年	2011 年	2012 年	2013 年	2014 年
科技教育支出占政府总支出比重	0.24	0.23	0.25	0.27	0.28	0.26

数据来源：安吉县国民经济与社会发展统计年报。

（3）社会保障与医疗支出占总支出比重。数据显示，安吉县在社会保障和医疗方面的支出在不断增加，并维持在一定水平，2009 年社会保障与医疗支出占总支出的比重为 11%，2013 年达到 18%。社会保障与医疗方面设施及服务水平越来越完善，见表 8-16。

表 8-16　安吉县社会保障与医疗支出占政府总支出比重

指标	2009 年	2010 年	2011 年	2012 年	2013 年	2014 年
社会保障与医疗占政府总支出比重	0.11	0.13	0.15	0.17	0.18	0.17

数据来源：安吉县国民经济与社会发展统计年报。

8.1.4.6　安吉生态文明建设综合评价

生态文明建设是一个复杂的系统，对于生态文明建设的评价，不能仅仅停留在某一个指标上面。基于前面的分析，以 2009 年为基期，对于除单位 GDP 二氧化硫排放量外的其他数据进行综合处理，以测算近年来安吉县的生态文明建设变化。

（1）指标处理。

正指标：对于正指标的处理，以具体年份的数据与基期年的数据相除。

逆指标：以基期年的数据除以具体年份的数据获得。

（2）指标数据标准化处理结果。以 2009 年为基期，设基期的生态文明建设水平为 100，对已有数据的 19 个指标赋予相同的权重，这样处理的目的在于：一是通过增加生态社会文化、生活的指标，更加关注人的因素；二是对各个指标的作用均等化，不再过于强调某一指标。对数据进行处理得出，2009 —2014 年，安吉县生态文明建设水平在不断上升，个别指标的波动并没有影响整体生态文明建设水平的提升，整个社会应当全面发展。以 2009 年生态文明建设水平为基期，得出 2010 年生态文明建设水平为 105.76，到 2014 年，生态文明建设水平为 125.8。从增长率上面来看，年均增长率控制在 5% 左右，具体数值如表 8-17 所示。

表 8-17　安吉县生态文明建设综合评价

指标	2010 年	2011 年	2012 年	2013 年	2014 年
单位 GDP 能耗	1.02	1.05	1.09	1.12	1.22
第三产业占总产值的比重	1.00	1.08	1.08	1.08	1.13
清洁能源占总能源的比重	1.12	0.96	1.26	2.13	3.51
主营业务收入占总 GDP 比重	1.12	0.86	1.31	1.69	1.65
森林覆盖率	1.00	1.00	1.00	1.00	1.00
城市建成区绿地覆盖率	0.94	0.97	0.96	0.94	0.94
空气优良率	1.04	1.06	1.07	1.00	0.80
污水排放处理率	1.01	1.04	1.08	1.09	1.10
垃圾无害化处理率	1.00	1.00	1.00	1.00	1.00
人口增长率	1.29	0.53	0.51	0.28	0.33
人口性别比	1.01	1.01	1.01	1.02	1.00
城镇登记失业率	1.00	1.00	1.03	1.03	1.03
城镇居民人均可支配收入	1.12	1.28	1.43	1.57	1.69
城乡收入差异	1.02	0.98	0.98	1.00	1.14
基本养老保险参与率	1.24	1.43	1.76	2.05	2.19
每万人拥有的医院床位数	1.00	1.10	1.14	1.34	1.38
环境支出占政府总支出比重	1.09	0.82	0.73	0.64	0.55
科技与教育支出占政府总支出比重	0.96	1.04	1.13	1.17	1.08
社会保障与医疗支出占总支出比重	1.18	1.36	1.55	1.64	1.55
生态文明建设水平（以 2009 年为基期，基期水平为 100）	105.76	103.94	109.99	117.18	125.84

8.2　浙江省开化县促进生态文明发展的经验

　　世界各国的现代化道路普遍走过了"先污染，后治理"的弯路。如何避免重蹈"先污染，后治理"工业化道路，走绿色发展之路，是浙江这个资源小省面临的重大问题。"两山"重要思想引领浙江率先走上绿色发展、生态富民的协调发展之路。地处浙江省西部边境，浙、皖、赣三省七县交界处的开化县，遵照时任浙江省委书记习近平同志的"两山理论"重要思想，10 年来，走出了一条具有中国特色的绿色发展、生态富民之路。

2006 年 8 月 16 日，时任浙江省委书记习近平同志在开化调研时，对开化县"生态富民"的道路给予高度的评价，要求开化继续发挥"绿水青山"的生态优势，走绿色发展之路，做到"人人有事做，家家有收入"。10 年来，开化全县上下牢记习近平同志的殷切嘱托，坚定不移地践行"两山"思想，坚持生态立县不动摇，以"诗画山水、国家公园、幸福开化"为蓝图，不走"先污染后治理"的老路，不走"以破坏生态换取 GDP"的邪路，不走"捧着金饭碗过苦日子"的穷路，勇闯"红色传承、绿色发展"新路，创新体制机制，做好"生态+"文章，加快转型发展、绿色崛起，甩掉了欠发达的帽子，实现了绿、富、美，正在朝着美丽浙江的先行区、生态经济的示范区以及"两山"重要思想的实验区前进。2016 年 2 月 23 日，在中央全面深化改革领导小组第二十一次会议上，习近平总书记点赞"开化是个好地方"。

开化县的"生态富民"之路为全省乃至全国山区科学发展树立了前进标杆，为生态禀赋优异、经济发展相对落后的众多其他县区发展提供了重要示范，为中国生态文明建设提供了重要样本，而且为全球绿色发展提供新思路和新样式。

8.2.1　开化县绿色发展、生态富民建设的总体背景

习近平同志在主政浙江时提出的"两山"思想可概括为"三个阶段"：第一阶段："只要金山银山，不要绿水青山"；第二阶段："既要金山银山，又要绿水青山"；第三阶段："绿水青山就是金山银山"。"两山"重要思想的本质是既要生态保护、绿色发展，也要经济发展、生态富民，其实质是经济生态化和生态经济化。

习近平总书记先后两次对开化县的绿色发展道路给出了重要指示。2006 年 8 月 16 日，时任浙江省委书记的习近平同志在开化县调研时指出：要把绿水青山就是金山银山的理念，贯穿到新农村建设的始终，实现人人有事做、家家有收入。2016 年 2 月 23 日，在中央全面深化改革领导小组第二十一次会议上，习近平总书记对开化县委书记项瑞良说："开化是个好地方。"这两次重要指示是"两山"重要思想在开化县有针对性的指导和鼓励！其核心思想

就是"绿色发展、生态富民"。

开化县的 10 年生态文明之路是践行浙江省委、省政府绿色发展的基本方略。浙江省在推进生态文明建设的进程中，相继提出了"绿色浙江""生态浙江""美丽浙江"等战略目标，这三者一脉相承，互为一体，是浙江省环境保护实践和认识的重要结晶，更是浙江省生态文明建设的战略提升。

2003 年 7 月，时任省委书记习近平同志提出"进一步发挥浙江的生态优势，创建生态省，打造绿色浙江"。"绿色浙江"代表了绿色发展的路径选择，标志着生态环境保护上升到绿色发展的战略层面。从 2003 年提出建设生态省，到 2010 年省委、省政府做出推进生态文明建设的决定，再到 2012 年坚持生态立省方略，加快建设"生态浙江"的任务，"生态浙江"如一根红线贯穿始终，"生态浙江"就是"绿色浙江"的延伸和扩展。党的十八大报告中提出建设"美丽中国"，为积极推进建设美丽中国在浙江的实践，加快生态文明制度建设，2014 年浙江省委、省政府做出关于"建设美丽浙江、创造美好生活"的决定。"美丽浙江"的目标更生动、鲜明地阐释了"绿色浙江"和"生态浙江"的发展战略，是对浙江省生态文明建设与国家生态文明建设的高度一体化的具体表现。十多年来，浙江历届省委从打造"绿色浙江"到建设"生态浙江"再到建设"美丽浙江"，走出了一条可持续发展的战略之路。

开化县是"两山"重要思想的先行区和试验区。早在 1998 年，开化县在全国率先确立并实施"生态立县"发展战略。历届县委、县政府始终把生态县建设作为实现科学发展的大举措、推进生态文明建设的大载体、优化经济增长方式的大手段、融合保护和发展的大抓手。

开化县在 2002 年被国家环保总局正式命名为"国家级生态示范区"。2003 年在全国第一个编制完成了《浙江省开化生态县建设总体规划》。2004 年在全省率先编制完成生态功能区保护建设纲要。2009 年提出了"产业高新、小县大城、生态发展"的发展思路，以经济社会的大发展，全力推进国家生态示范县建设。2013 年县委十三届三次全体（扩大）会议上审议通过《中共开化县委关于建设生态文明县的决定》，以国家重点生态功能区建设为契机，创造性地推进国家公园建设，生动践行"两山"思想。2015 年 6 月，开化县最终被确定为浙江省唯一一个国家公园体制试点地区，2016 年 7 月，《钱江源国家公园体制试点方案》获国家发改委正式批复。

从建成国家生态示范区、省生态县、国家生态县，到全国生态文明试点县建设，历任开化县委、县政府都将生态的"交接棒"牢牢地传递下去，保持高度的定力，坚定不移地走绿色发展之路，大力发展生态农业、生态工业、生态旅游业、创意产业等绿色产业，真正把绿水青山转变为金山银山。坚持生态优先理念、一任接着一任干，终于走出了一条绿色富民的开化之路。开化县"生态立县"已经从生态自发、生态自觉走到了生态自信，这正是"绿水青山就是金山银山"重要思想的生动写照。

8.2.2 开化县推进绿色发展、生态富民的举措

8.2.2.1 生态规划引领开化生态文明建设

2003 年，开化在全国第一个编制完成了《浙江省开化生态县建设总体规划》；2004 年，开化在全省率先编制完成生态功能区保护建设纲要。2007 年，制定了《开化县生态环境功能区规划》。2014 年，《开化县重点生态功能区示范区建设规划》和《开化国家公园发展战略规划》也相继实施。

这些规划总体上具有前瞻性、全局性、特色化。规划从科学保护和持续利用生态环境功能的角度出发，按照保护生态、恢复生态、建设生态的原则，将整个县域面积划分为重点开发区域、限制开发区域和禁止开发区域等功能区，明确各区域的生态保护目标、污染物总量控制和产业进入要求，全面落实生态保护措施。开化将钱江源国家森林公园、古田山国家级自然保护区的核心区域和南华山、圣潭沟等县内重点风景区划定为禁止开发区域，对此区域实行强制性保护，严禁不符合主体功能区功能定位要求的一切开发活动（方伟春，2010）。

为全面优化生态生产活动空间布局，开化县积极推进"多规合一"试点，划定了生态、农业、城镇"三类空间"和生态保护红线、永久基本农田红线、城市开发边界控制线"三类红线"。其中，生态空间由原来的 50.8%提高到 80.3%，进一步强化了生态保护，同时也明确了重点产业、重大项目以及重要基础设施的空间布局，为重点生态功能区建设提供了管控依据。

8.2.2.2　国家公园理念推进开化绿色发展

开化县委、县政府高度重视全县发展整体规划，始终坚持一张蓝图绘到底，紧紧围绕建设国家公园的战略目标，按照主体功能区划定全县空间分布，不断推进"区政合一"管理体制。

（1）树立国家公园建设理念。开化县以全域景区化、景区公园化、生态经济化为主线，把县域 2 236 km² 作为一个大公园来打造，以国家公园建设统筹全县发展，坚定不移地实施主体功能区制度。为了更好地开展国家公园建设，开化县成立了打造国家公园领导小组，下设战略研究组、政策研究组、体制研究组、规划项目组等 7 个组，加强工作统筹。2014 年 3 月，环保部正式批复，同意开化开展国家公园建设试点；2014 年 4 月，国家发展和改革委员会、环境保护部联合发文，开化列入国家主体功能区建设试点示范名单；2015 年 3 月，浙江省确定开化县为全省唯一的国家公园体制试点地区；2016 年 6 月，国家发展和改革委员会正式批复《钱江源国家公园体制试点区试点实施方案》。

（2）构建"区政合一"管理体制。推行"区政合一"管理体制，构建国家公园管理体制，设立中共开化国家公园工作委员会和开化国家公园管理委员会，为衢州市委、市政府派出机构，分别与开化县委、县政府实行"两块牌子，一套班子"（浙江省开化县编办，2015）。将古田山国家级自然保护区管理机构调整为开化国家公园管委会直属机构，将国家公园党工委、管委会、古田山、钱江源、工业园区等 6 大产业功能区管委会作为国家公园管委会的直属机构。调整优化乡镇行政区划，钱江源风景名胜区管委会与齐溪镇、古田山管理局与苏庄镇分别实行"政区合一"管理，与乡镇合署办公，领导干部交叉任职。

2005 年开化县为适应生态文明建设需求，在体制改革上精简乡镇行政区划，将 26 个乡镇调整至 19 个乡镇、园区。2014 年围绕生态功能区示范区和国家公园建设，按照减员增效、减村并镇、调整区划、调整职能的"两减两调"（减村并镇调整规划、减员增效调整功能）为要求，推进行政管理体制改革，2014 年完成了新一轮行政区划调整和乡镇内设机构设置，将 19 个乡镇、园区撤并整合成 14 个乡镇，调减 26.3%。优化职能，推行大部制改革，整合政府职能，构建了实体化运作的"大经贸、大文旅、大卫生、大市场、大执法、大督考"体系。全县各类机构总数从 63 个减少到 37 个，精简 41.3%，其中党政群机构总数从 43 个减少到 30 个，精简 30.2%。县乡党政群行政编制从1 013 名缩减到 910 名，精简 10.2%；事业单位编制从 2 058 个减少到 1 632 个，精简 20.7%。

8.2.2.3 以生态经济为重点提升民生福祉

开化县充分发挥良好生态景观资源、独特自然地貌和人文历史优势，在不损害生态服务功能前提下，优先发展生态旅游业、绿色有机农林业，对与生态环境要求不相符的产业严格实施"治旧控新"，实现经济生态化转型。

（1）生态+农业，培育新增长点。转变农业发展方式。大力发展彩色农业、创意农业、观光农业，提高农业附加值，农业带动第二产业和第三产业的发展。例如，长虹乡桃源村由于独特的梯田地貌，在梯田上统一种植油菜花、向日葵等观赏性农作物，素有"江南小布达拉宫"之称。花开的季节，形成"村在花中坐，人在画中行"的独特梯田风光，吸引了大量游客和摄影爱好者。政府配套举办"油菜花节""向阳花节""山地骑行节""榨油节"等节庆活动集聚人气，2014 年共接待游客超 8 万人次。一批民间艺人制作的创意稻草人、草鞋、草帽也给创意农业添趣、造景，让农民赚得租金、薪金，有效促进了农民增收。潭头村 2006 年之前人均收入不到 3 000 元，大部分村民是普通菜农，年轻人都选择外出打工。从 2006 年开始，在开化县政府的引导下，村里将农民闲置的房屋、荒废的田地、村里的河道、池塘等资源进行了整体改造，规划种上荷花、蔬菜、鲜花，兴办起创意农业。每年六七月，潭头村就呈现出"接天莲叶无穷碧，映日荷花别样红"的美丽景象，每个周末都有大批游客慕名而来，2015 年，潭头村人均收入达到 12 800 元。

做优做精特色产业。大力推进清水鱼、茶叶、油茶、食用菌、高山蔬菜等产业发展，开展有机认证，提高产品附加值，打造特色品牌，形成品牌效应。开化县利用本县水产资源优势，大力发展特色渔业，成功打造何田清水鱼综合体。同时引导农户在房前屋后发展庭园式、一家一塘式养殖，产业规模发展迅速，养殖范围从原先的何田、长虹、苏庄等少数乡镇的 220 亩、2 000口塘，发展到全县范围的 1 750 亩、5 200 余口养殖塘，从业农民逾 5 400 户，遍及全县一半以上行政村。依托水域生态条件好、环境优良、区位交通优越的优势，打造一批高起点、高标准的集生产、旅游、休闲、度假等功能为一体、具有鲜明特色的生态休闲渔业基地和观赏渔示范基地，引导发展渔业文化服务产业。全县已发展清水鱼养殖、观光、餐饮等休闲渔业基地 40 余家，成功创建国家级休闲渔业基地 1 个、省级基地 1 个。2015 年全县清水鱼产量 1 800 t、总产值 1.3 亿元，其中农户直接收益 2 800 多万元，户均增收 5 400 多元，由清水鱼延伸的休闲渔业产值达 1 100 万元。同时，开化深入挖掘清水鱼的历史文化、研究清水鱼的营养价值、制定清水鱼质量标准等，整理出一套完整的何田清水鱼文化体系，让开化清水鱼"有口碑、有品牌、有文化"，提升了清水鱼附加值。其中，何田乡通过发展清水鱼产业"鱼香小镇"，年游客数突破 10 万人次，清水鱼产业产值从 800 万元上升到 2 000 万元。

（2）生态+工业，促进产业升级。实行最严格的源头保护制度，提高产业准入门槛，发展资源环境可承载的生态、绿色经济，把生态资源转化成富民资本。县委、县政府对环境换发展采取了"零容忍"。按照"五个一律"要求，调整了 4 500 亩低丘缓坡用地性质，以"退二进三"限期腾出县城核心区块有效用地 900 亩。提高产业准入红线，制定产业发展负面清单，对"高耗能、高耗材、高污染、高排放"的工业企业和项目实行一票否决。2000 年以来，开化县先后关停工业企业 278 家，每年损失产值 58.85 亿元、税收 1.765 亿元；关停木制品加工厂 235 家，每年损失产值 1.4 亿元，税收 500 万元，否决化工及有污染的项目 65 个，总损失近 100 亿元。开化曾经放弃了一个投资 3 亿元的石煤综合开发招商引资项目，原因就是环评不合格。

（3）生态+旅游业，实现生态富民。建立"旅游+"的大旅游产业格局。按照"工业围绕旅游快转型、农业围绕旅游调结构、城镇围绕旅游强功能"的要求，构建了全县域旅游的"15510"战略框架，即涵盖 1 个核心区（钱江源省级旅游度假区），5 条旅游走廊（开化—黄山、开化—千岛湖、开化—三清山、开化—婺源、开化—衢州 1 小时休闲旅游走廊），5 大功能区（东部拓展体验区、南部休闲度假区、西部科普体验区、北部康体养生区、中部创意农业观光区）（郑婷，2014），以及根博园、茶博园、花博园、动漫创意园等 10 个不同主题的公园集群。

为巩固旅游战略性支柱产业的地位，开化大力开展旅游+文化、旅游+农业、旅游+工业、旅游+互联网等活动。旅游+农业，让田园变公园，河道变景区，农特产品变成旅游产品。通过一系列的旅游+活动，将生态资源转变成旅游资源，既促进旅游发展，又增加农民收入。

打造 3A 级景区村。通过推动全民参与发展乡村旅游、旅游发展成果全民共享，努力实现生态富民的目标。制定了《乡村休闲旅游发展三年行动计划（2015—2017 年）》；实施项目建设提速、基础设施提升等"十大工程"，助推乡村旅游全面转型升级。开化在全国率先提出县级 3A 景区村概念，以国家 A 级景区标准指导美丽乡村建设。参照国家旅游局 A 级景区评定标准，制定了 3A 景区村"一个服务中心、一个乡村景点、一条游览线路、一套解说系统、一批经营农户、一套管理制度"的"六个一"开化标准，增强可操作性。每月选择一个乡镇，确定一个主题，召开现场会，推动工作落实。目前已创建了 2 个 4A 景区、21 个 3A 景区村。同时，投入巨资启动绿化彩化河岸、道路行动，建成景观大道（145 km）、百里黄金水岸，串点成线。开化大力发展民宿，2015 年全县特色村 20 个、经营户 300 家，总收入达 2 亿元，让普通百姓享受了生态效益。

攻坚旅游的头尾两端。旅游发展有两个关键环节，一头一尾，缺一不可。一个是项目建设，确保有景点可游；一个是游客来源，确保有游客来游。

开化县围绕"钱江源头、根宫佛国、养生开化"整体形象，推进旅游营销，制订千万年度旅游营销计划，开展 10 个万人团引进活动。《人民日报》、新华社、央视和省市主流媒体对开化进行全方位宣传报道。央视《乡约》《北纬 30 度远方的家》《舌尖 2》等栏目组先后走进开化录制节目。举办各类文化旅游节和重大国内国际体育赛事。通过旅游行业媒体及公共平台的推广，采取线上营销与线下活动相结合，传统媒体与新兴媒体相结合，走出去推介与请进来考察踩线相结合，进一步夯实市场基础。在多方合力下，开化的旅游形象、知名度和影响力大大提升。开化先后获得了美丽中国示范县、全国"魅力新农村十佳县市""绿色中国"特别贡献奖、首届"浙江最具魅力新水乡"、浙江最佳避暑地、浙江省最佳亲子游目的地等荣誉称号。

（4）生态+文化产业，挖掘文化优势。建立文化与产业融合发展机制。2014

年，开化走上文化与产业相结合的道路，进行管理体制创新。2016年根据创建国家全域旅游示范区要求，创新机制体制，率先在全市建立"1+3"旅游综合管理和综合执法模式，成立了文化旅游委员会，建立了旅游警察大队、旅游巡回法庭和旅游市场监管分局，完善文化旅游发展管理机构；成立钱江源省级旅游度假区管理委员会、钱江源省级风景名胜区管理委员会和宫根佛国文化旅游区管理处，统筹县域文化产业发展。

挖掘文化因子，开展文化创造。开化充分挖掘文化因子，组织多种形式的文化活动，给绿水青山赋魂，如钱江源的寻根问源文化、茶文化、根雕文化等，举办了"油菜花节""向阳花节""山地骑行节""榨油节"等。在充分利用当地传统文化的同时，开化大胆利用创意，进行无中生有式的文化创造，满足社会对生态文化的需求。实施根雕创意园、奇石博览园、森博园、茶博园、浙西博物馆、明清家具博物馆、生态文化公园等生态文化工程，提升生态文化软实力。其中，开化的根雕产业经历了从最初作坊式的加工售卖，逐步发展为根博园，再演化为宫根佛国，创造了世界首个根雕主题公园和衢州市首个国家5A景区。该景区面积1.24 km²，2015年参观游客118.88万余人，门票收入1 989万元，就业600余人，形成以根博园为主体，占地3.78 km²、投资达50亿元的根缘特色小镇。

8.2.2.4 制度创新保障开化生态文明建设

（1）建立生态奖惩机制，首设流动审判法庭。建立生态奖惩制度。为了加大对开化国家公园建设的政策支撑，在省委、省政府的关心、重视和省直有关部门的大力支持下，设立了省级重点生态功能区示范区建设试点资金，建立了与污染物排放总量、出境水水质、森林质量挂钩的财政奖惩机制，主动接受生态环境质量正向激励与反向倒扣的双重约束。建立生态奖惩制度，对开化县每年排放的化学需氧量、氨氮、二氧化硫、氮氧化物，省财政按每吨3 000元收缴。对开化县的出境水水质，按照Ⅰ类、Ⅱ类占比，省财政每年按每个百分点分别给予奖励；对于Ⅰ类、Ⅱ类水占比比上年提高的，再追加奖励。森林覆盖率按每高出全省平均水平的单位百分点进行奖励。

为提高生态环境保护水平，打击破坏生态环境的违法犯罪，开化县在全省率先建立环境损害流动审判法庭。开化法院出台了《关于建立破坏环境资源刑事犯罪案件生态损失修复司法机制的意见》，并成立了全省首个专门巡回法庭，该庭成为浙江省首个基层环境资源巡回法庭。该巡回法庭主要审理应由基层法院管辖的第一审环境资源刑事、民事、行政非诉案件，以及环境保护行政机关申请法院强制执行的行政非诉案件的审查执行。巡回审判车到案发地或被告所在地进行巡回审判，对基层破坏环境、浪费环境资源等违法行为起到了震慑作用，提升了当地环境资源管理法治化、规范化水平。自巡回法庭设立以来，共立案查处环境违法行为 19 起，处罚金额 120.8 万元，移送公安机关 2 起。共调处环境信访投诉案件 95 件，办结率 100%。

（2）优化政绩考核导向，试点资源资产审计。单列生态环境的政绩考核。制定更加严格的国家公园建设综合争先考核办法、生态文明建设和环境保护工作考核办法，层层传导压力，强化县对乡镇、部门的督察考核，突出考核各乡镇部门五水共治、绿化彩化、生态家园建设、生态移民等重点工作的完成情况，推进生态保护和环境美化。

率先试点领导干部自然资源资产审计。2015 年 8 月开化县率先印发《开化县领导干部自然资源资产审计实施办法（试行）》，梳理党政领导干部在自然资源资产管理和生态环境保护方面的责任。领导干部自然资源资产审计纳入领导干部经济责任审计报告及审计结果报告，作为领导干部经济责任审计的一项重点内容进行反映。实施领导干部自然资源资产审计有利于更加科学全面地评价领导干部任期内的经济和社会责任，抓住领导干部这个关键少数，更好地保护自然资源和生态环境。

（3）强化环境监控能力，实行全境网络化检测。运用智慧环保完善环境监测体系。购置全流域水环境自动监测设备，参照"河长制"的划分，在全县 9 大流域建设 5 座水质自动监测站。在华埠镇增设大气自动检测设备，在古田山、钱江源等核心区域增设负氧离子自动监测设备，并与衢州市智慧环保平台相连接，开展实时监控。2014 年与中科院植物研究所合作开展保护区网格化动植物监测平台建设，全域安装 81 台红外相机，率先建设全球唯一的全境网格化监测示范基地。使用"农村生活污水处理设施信息管理软件"，建立农村生活污水治理远程监控信息平台，安装流量计、视频监控等设施，实时跟踪监测所有站点污水处理设施运行情况、出水排放情况，在乡镇可以随时看到每个村的污水处理运行情况，出现问题及时整改。在各乡镇交界断面安装水质自动监测设施，对全流域水质状况进行实时监测，排出水质不达标及时报警，保障"五水共治"和乡镇河流交接断面水质考核依据的准确性、及时性。全县境内 9 条河流，所有乡镇 22 个流域交接断面水质监测达标率均为 100%。

8.2.2.5　以生态教育为依托，营造生态文化氛围

（1）拓展生态协作，丰富科普宣传。以古田山保护区为依托，开化与中科院植物所、浙江大学等科研机构合作，建成 24 hm² 中国森林生物多样性监测样地（全国五大样地之一）。先后以国际合作的形式开展了森林 BEF 研究、中国区域性气候等课题研究。已有 116 篇有关古田山的研究成果在国内外刊物上发表，接待中外专家学者 3 624 人次。古田山已成为国内外生态领域科学研究的重要平台。

制定实施《国家级生态县年度宣传计划实施方案》，编辑《生态县建设工作简报》，多次召开生态县建设专题会和各种工作会议。开化将每年的 5 月 5 日定为开化县"生态日"，不断丰富深化生态建设和环境保护内涵，提高全民参与度。以节假日、爱鸟周、"五个一"进校园等活动为平台，开展野生动植物保护宣传月暨"爱鸟周"活动。积极开展古田山珍稀鸟类图片巡展等特色科普宣教活动；编辑制作《绿洲中的翡翠》和《植物野外识别手册》等科普宣传品；建成 80 m、38 块宣传版面的科普长廊。先后获得"浙江省生态道德教育基地""科普教育基地""浙江省生态文明教育基地""省生态文化基地"等荣誉称号。

（2）开展生态教育，共建幸福家园。在党校、老年大学、中小学开设生态环保课，在企业举办环保法培训班，在青少年中开展保护母亲河活动。结合民俗民风，组织开展保苗节、敬鱼节等群众性文化活动。发挥文化礼堂的作用，传承杀猪禁渔、立碑禁林等传统生态文化，将"垃圾不落地""志愿者积分制"等卫生新习惯纳入村规民约，让生态自觉、洁净习惯深入人心。通过不断强化生态文明宣传教育，形成了人人关注生态、参与环保、支持生态县建设的浓厚文化氛围。

在稳步推进绿色学校、绿色社区创建工作的同时，开化进一步开展绿色机关、绿色宾馆、绿色工厂等创建工作。以"水清见底、岸绿花红、人欢鱼

乐、景美怡人"的最美河流为目标，开展"三清四禁"行动，对境内 5 条主要溪流全面实行禁渔；严格落实"一河一策"；落实 289 名覆盖全县河流县、乡、村三级"河长"，设立 504 位河道专职保洁员，推行垃圾不落河。目前已完成 188 个行政村的村庄整治任务，垃圾集中处理实现行政村全覆盖，解决 24.1 万农民饮用水问题，农民生产生活条件得到改善。

8.2.3 开化县绿色发展、生态富民建设成效

8.2.3.1 生态环境持续改善

（1）自然环境质量显著提高。2015 年开化县生态环境质量公众满意度为 82.63 分，较 2014 年的 78.15 分有大幅上升。

空气更清新。空气质量常年为优，$PM_{2.5} \leqslant 30 \ \mu g/m^3$，县城负氧离子浓度 3 770 个/$cm^3$。钱江源国家森林公园、古田山国家级自然保护区负氧离子浓度最高达 14.5 万个/cm^3，是全球负氧离子浓度最高的五个地区之一（耿国彪，2014）。2016 年 1—7 月，开化县县城空气质量有效监测天数为 196 天，AQI 达标天数为 194 天，其中优 113 天（占 57.7%）、良 81 天（占 41.3%）、中度污染 2 天（占 1.0%），优良率为 99.0%。$PM_{2.5}$ 浓度均值为 28 $\mu g/m^3$，低于国家二级标准年均浓度（35 $\mu g/m^3$）。2016 年全国首批 9 个中国天热氧吧之一，综合评分排名第一。

水体更清澈。开化县基本实现农村生活污水治理行政村全覆盖。2016 年 1—7 月，开化县出境水水质均达到Ⅲ类标准以上，有效监测天数 211 天，其中Ⅰ类、Ⅱ类水质 196 天、Ⅲ类水质 15 天，Ⅰ类、Ⅱ类水质占 92.9%、Ⅲ类水质占 6.6%。饮用水水源水质监测达标率 100%。水体质量居全国前 10 位。

山林更葱郁。10 年来，全县完成造林更新 37.8 万亩，中幼林抚育 66.7 万亩，培育杉木大径材 3.6 万亩；全县共义务植树 480 余万株，赠送珍贵树种 110 万余株。2015 年新增绿化彩化面积 3 万余亩，目前全县生态公益林面积 131.2 万亩，森林面积 271.2 万亩，森林蓄积量 1 078 万 m^3，森林覆盖率达到 80.7%，涵养水源功能进一步增强，生物多样性得到有效保护。

（2）城市容貌全面改善。

城乡面貌焕然一新。开化县对农村的黑河、臭河、垃圾河进行全面整治，

跻身全省首批"清三河"县；以垃圾场、制砂场为美丽乡村建设的"试验田"，成功打造了姚家源水上乐园、金溪砸碗花湿地公园、双溪公园等一批闲适宜人的生态公园。扎实推进农村面源污染治理，户用沼气、卫生改厕、测土配方施肥等普及面不断扩大。全面实施污水治理工程，县污水处理厂、18 个乡镇政府所在地和一批重点村污水处理设施建成使用。开化县首创的"门前三包，统一收集，就地分拣，综合利用，无害化处理"的农村生活垃圾分类沤肥处理模式，被省政府作为全省农村生活垃圾处理两种模式之一在山区、海岛推广。大力实施农村清洁工程，自 2012 年起县财政连续 3 年每年投入 600 万元用于农村环境卫生机制建设，农村卫生条件大为提升。

　　人居环境显著优化。在全国率先出台国家公园山水林田河管理办法，在全省率先实行全域禁渔管理，构建保护有力、利用有度、管理有序的生态资源管控体系。"五水共治"治出新成效。农村生活污水治理实现行政村全覆盖，全面完成农村面源污染治理任务，成功创建省级生态循环农业示范县。通过实施国家公园锦绣行动，实现全域彩化美化，共种植景观林 7 981 亩，建成景观大道 145 km、彩化河岸 150 km。开展"大干三个月、环境大提升"集中攻坚行动，一举改变"十乱"顽疾，人居环境大为改观。

8.2.3.2　产业结构有效提升

　　开化县在推进环境保护、绿色发展的同时，经济综合实力有所提升。2015 年实现地区生产总值 101.56 亿元，比 2005 年增长 3.2 倍；财政总收入 10.83 亿元，其中一般公共预算收入 6.88 亿元，分别增长 2.2 倍、4.6 倍。2016 年上半年 GDP 增长 7.8%，投资 11.2%，财政总收入增长 35.8%，农村常住居民人均可支配收入增长 9.2%，高于全省平均水平。

　　此外，全民参保登记进度全省第一，职工基本医疗保险、城乡居民基本医疗保险基本实现全覆盖；城乡困难群众最低生活保障实现应保尽保，人均补差标准大幅提高。

　　开化的产业结构调整向着"绿水青山就是金山银山"的方向发生转变，生态旅游业、文化产业等第三产业稳步上升。2014 年第三产业占比首次超越了第二产业，实现了从传统工业化到绿色发展的跨越。在"生态立县"的理念指引下，开化避免了省内工业强县先污染后治理的老路，保留了宝贵的生态环境资源。

（1）生态农业效益突出。

传统农业健康发展。农业规模化、标准化、生态化进程加快，高效生态农业取得长足发展，2011 年开化被认定为"中国绿茶金三角核心产区"；"开化龙顶"被认定为中国驰名商标，蝉联浙江十大名茶。"钱江源""菇老爷"等 18 个农产品获省级著名商标称号。开化被评为中国龙顶名茶之乡、中国黑木耳之乡、中国金针菇之乡，被认定为浙江省农业特色优势产业综合强县。开化县深入推进省级农产品质量安全放心示范县创建，2015 年完成有机农产品认证 16 个，新增有机农产品基地 3 500 亩。全县茶叶产值实现 8.36 亿元，增长 15.8%，其中名优茶产值 6.43 亿元，增长 16.3%，开化龙顶品牌价值达 16.58 亿元。加大"钱江源山茶油"品牌整合营销，综合效益得到提升，实现产值 3 亿元。开化清水鱼被认证为中国地理标志产品，渔业总产值 2.2 亿元，增长 12.2%。

绿色农业充满生机。开化县内，民宿避暑、花果采摘、苗木经营、高山蔬菜星罗棋布，自驾观光、摄影写生、运动探险、养老养生蓬勃兴起。"美丽乡村"孕育出多彩多姿的"美丽经济"。青蛳、汽糕、龙顶茶、山茶油、食用菌……大山里的寻常土货，成了网络营销的人气商品。对于城市人民来说，这是"来自绿水青山的问候"；对于当地农民来说，这是"金山银山的收获"。

创意农业风生水起。开化县编制完成了全国首个县域创意农业发展规划，加快创意农业、家庭农场和"一村一品"建设，实现了从传统的种作物、种庄稼向种创意、种风景、种文化的转变。布局"四线一区"创意农业观光路线（县城至古田山、钱江源、南华山、长虹四条线路和池淮现代农业园），启动建设密赛千亩镇港创意农业科技园、千亩四季花海农业综合体和美丽田园旅游综合体等一批创意农业示范点。

（2）生态工业稳步推进。开化县不断提高工业项目门槛、扎实推进"腾笼换鸟"，深度调整工业结构，以治水、治气、治污，促转型、调结构，淘汰关停了一批污染落后企业，引导支持一批企业不断加大技改投入，产业结构得到优化。加快推进工业园区生态化改造，着力打造"景点式厂区、花园式园区、公园式新区"，环境品质得到不断提升。

开化县初步形成了以文化创意、光伏、有机硅等产业为主导的工业结构。截至 2015 年，全县规模以上工业企业达到 81 家，销售上亿元企业 16 家，其中 10 亿元以上企业 3 家。科技创新步伐加快。强化产业人才支撑，建立首家院士工作站，2013 年开化县被评为全国县（市）科技进步考核先进集体。"十二五"期间全县工业平台建成面积增加 7 km^2，新增规模以上工业企业 20 家，新增省、市级各种研发中心 11 家。主导或参与制定国家、行业标准 13 个。制定出台企业上市工作方案、扶持政策，5 家企业与券商签订上市辅导协议，12 家企业在区域股权交易中心挂牌。开化被确定为浙江省硅产业基地、浙江省硅材料高新技术产业基地，电光源、绿色食品加工等被列入省级先进制造业基地。

（3）生态旅游日益旺盛。落实大区块开发理念，成功创建"钱江源国家生态旅游示范区"、全国休闲农业与乡村旅游示范县。打造 5 条休闲农业精品线路、12 个田园生态艺术景观点；"一园三区"工业平台功能更趋完善，土地指标争取和土地开发较好满足了平台建设需求。根宫佛国文化旅游区成为衢州市首个、浙江省第 11 个国家 5A 级景区，是目前国内规模最大、工艺水平最高、以根雕为主题的国家文化产业示范基地，拥有大型系列根雕作品 2 000余件。根缘小镇成功列入省第一批特色小镇创建名单、动漫小镇入选全市首批特色小镇创建名单；开化—桐乡山海协作生态旅游文化产业示范区成功列入省级山海协作产业园。

2015 年开化县共接待国内旅游者 689.79 万人次，增长 17.99%，国内旅游收入 42.29 亿元，增长 18.8%；接待境外旅游者 1.01 万人次，同比增长 1.1%，创旅游外汇 623.55 万美元，同比增长 1.2%。目前全县星级饭店 7 家，5A 级旅游景点 1 个——根宫佛国文化旅游区，国家 4A 级旅游景区 2 个——古田山景区、七彩长虹景区，国家 3A 级旅游景区 4 个——金溪桃韵、九溪龙门、秀丽潭头和金溪砸碗花湿地公园，还有国家森林公园、省级风景名胜区——钱江源，景区创建数量位居全市首位。

8.2.3.3　生态文化氛围浓厚

（1）生态素养逐渐提高。开化因钱江源文化、根雕文化、龙顶茶文化、红色文化、养生文化、民俗文化深入发展，荣获"浙江文化名城"称号。根雕、草龙、龙顶茶制作工艺、霞山古民居营建技艺等 11 项入选省级非物质文化遗产保护代表名录，其中草龙被列为国家级非物质文化遗产名录，成为浙江省中秋节标志地之一。作为"中国根雕艺术之乡""世界文化新遗产、衢州开化根博园""世界根雕看中国、中国根雕在开化"的品牌形象逐步形成。开化县根博园董事长徐谷青、甲壳虫董事长李奇斌被评为浙江十大文化新浙商。全县有省级文化示范村（社区）14 个、文化示范户 71 家、市级特色文化村 17 个、县级特色文化村 99 个。

（2）生态文化教育全面普及。开化坚持把生态文明理念融入精神文明建设中，在县内电视、网站、报纸等主要媒体开设生态环保宣传栏目，打造生态教育培训基地，开展生态环境保护公益活动，举办"5·5"生态日活动，举办龙顶茶文化、根雕文化艺术节、生态文明的美学思考等大型主题活动，全方位、多层次地营造全社会关心、支持、参与生态文明建设的浓厚氛围。中共浙皖特委旧址被命名为全省党员廉政教育培训基地和省国防教育基地，中共闽浙赣省委旧址被命名为浙江省青少年红色之旅精品景区。建成省级生态环境教育基地 2 个，国家生态教育基地 1 个。

8.2.4　开化县推进生态文明经验

（1）以绿色富民战略推动绿水青山向金山银山转换。保护绿水青山不是终极目的，不能守山望山无所作为，要让美丽山水和科学发展的理念完美融合，使绿水青山变成金山银山，让绿水青山变成老百姓的"金山银山"，促进老百姓增收致富。开化县坚持绿色富民战略思维，鼓励基层党员干部多动脑子主动干，进一步扬长避短、扬长克短、扬长补短，把特色彰显出来、把优势发挥出来，让每一个乡镇、村都有自己的味道、自己的魅力、自己的看点、自己的竞争力，形成各美其美、美美与共的格局，特别是各村都要积极探索富村强村的新途径、新方法，把农村集体经济的家底做得更殷实。

2006 年 8 月，时任浙江省委书记习近平同志到金星村视察中表示："村里好，人人有事做，家家有收入，这就是新农村。你们这个村大有希望，在全省也是有特点的村。"金星村把生态保护、增加农民收入作为永恒的主题，依托山区独特的生态优势，建立万亩生态公益林，充分利用开化龙顶茶的名牌效应，带领农民发展高产龙顶茶园 1 000 多亩，成立合作社，统一加工，统一销售，农民人均收入从 2005 年的 6 600 元提高到 2015 年的 2 万元。金星村已成为生态富民、共享共富的典型样本。此外，龙门村位于开化县齐溪镇西北边界，地处钱江源支流龙门溪畔，生态环境优越，但山高路远，交通不便，信息闭塞。在建设国家公园的氛围中，龙门村也坚持绿色富民战略思维，将基层党支部建设在产业上，成立青年联盟、农家乐协会、齐溪旅行社、茶叶合作社等组织，带领农民一起致富。

（2）弘扬"一任接着一任干"的接力棒精神。2013 年 9 月 7 日，习近平同志在哈萨克斯坦纳扎尔巴耶夫大学发表重要演讲并回答学生提问时指出："中国明确把生态环境保护摆在更加突出的位置。我们既要绿水青山，也要金山银山。宁要绿水青山，不要金山银山，而且绿水青山就是金山银山。""两山"重要思想的本质是既要生态保护、绿色发展，也要经济发展、生态富民。"两山"重要思想不仅为发展中国家避免重蹈"先污染，后治理"工业化道路提供理论指导，而且对全球现代化绿色发展提供新思路和新样式。

开化县地处浙江母亲河钱塘江的源头，是浙江重要的生态屏障，特殊的地理位置和独特的生态功能决定了开化必须树立起生态优先全局意识，担负起生态保护和绿色发展的双重任务。开化县在综合考虑生态环境保护重要性、资源环境承载力、水源涵养与饮用水源保护重要性、水土保持重要性和生物多样性等因素影响，优先保护重要生态功能区块、生态脆弱区块、生物多样性保育区块，以及具有一定自然文化资源价值或尚未受到大规模人类活动影响且仍保留着其自然特点的较大连片区域，作为生态红线管控界限。开化全县自然生态红线区面积约 666.62 km^2，占县域国土面积的 29.87%。在空间类型上主要包括自然保护区、风景名胜区、森林公园和水源保护区核心区。生态红线以内区域为开化县最高规格的生态保护区域，禁止经济开发活动。守牢森林资源保护底线，按照森林覆盖率持续稳定在 80.4% 以上，并按逐年有所增长的目标定位，开化县从 2014 年开始 3 年内下调林木采伐计划 40%，确保生态公益林面积占全县陆地面积一半以上，为钱江流域守住了"绿色屏障"。

开化县是"两山"重要思想的先行区和试验区。早在 1998 年，开化县在全国率先确立并实施"生态立县"发展战略。历届县委、县政府始终把生态县建设作为实现科学发展的大举措、推进生态文明建设的大载体、优化经济增长方式的大手段、融合保护和发展的大抓手。从建成国家生态示范区、省生态县、国家生态县，到全国生态文明试点县建设，历任开化县委、县政府，都将生态的"交接棒"牢牢地传递下去，将坚持生态理念、走好发展之路变成嘱托，一任托付一任，这正是"绿水青山就是金山银山"重要思想的生动写照。

（3）追求经济生态化和生态经济化的同步发展。"绿水青山就是金山银山"，但绿水青山不自然而然等同于金山银山。唯有把生态全方位融入产业升级和经济转型的各个方面，生态才能最终转化为产业的高竞争力、产品的高附加值和生活的高品质体验。同时，如果不通过绿色发展方式实现产业转型，即便实现了快速发展，也是山穷水尽的结局。因此，绿色化转型发展是兼顾生态环境和解决社会物质需求的实现路径，也是绿水青山向金山银山转化的必由之路。

在经济生态化方面，开化县围绕"生态+"推进产业发展，形成以生态+农业、生态+工业，生态+旅游业的"生态+"发展模式顺利，实现了产业绿色转型升级。以往开化县农民收入靠的是种养殖、外出务工，而如今开化县大力发展彩色农业、创意农业、观光农业，不仅实现了农业的转型升级，还以此带动了二、三产业的发展。针对以往存在污染的工业企业，开化县确立了对环境换发展"零容忍"的态度，实行最严格的源头保护制度，提高产业准入门槛，发展资源环境可承载的生态、绿色经济，把生态资源转化成了富民资本。从"种种砍砍"到"走走看看"已成为开化县依托"生态+"促进旅游业升级发展之路。开化县着力做深做透"生态+"文章，以生态资源为优势，不断转化为生态资本，实现生态富民。

围绕生态经济化，开化获得了多项生态红利。2007年4月，省政府办公厅印发了《钱塘江源头地区生态环境保护省级财政专项补助暂行办法》，按照"谁保护，谁受益""责权利统一""突出重点，规范管理"和"试点先行，逐步推进"的原则，对钱塘江源头地区生态环境保护加大财政转移支付（李华英，2008）。2014年1月，省政府发布《浙江省人民政府办公厅关于在开化县开展重点生态功能区示范区建设试点的通知》，根据出境水质、森林覆盖率、林木蓄积量等指标补偿办法，2014 年获得省财政生态补偿 3.5 亿余元。为优化排污管理，2014 年 9 月县环保局成立排污权交易中心单独法人事业单位，建立排污权有偿使用和交易制度，制定《开化县排污权指标差别化市场化管理实施意见》，推进排污权有偿使用，实现总量指标量化管理。

（4）"多规合一"的体制创新确保"一张蓝图绘到底"。"多规合一"是指将国民经济和社会发展规划、城乡规划、土地利用规划、生态环境保护规划等多个规划融合到一个区域上，实现一个市县一本规划、一张蓝图。"多规合一"能够解决规划自成体系、内容冲突、缺乏衔接协调等突出问题，保障规划有效实施；可以强化政府空间管控能力，实现国土空间集约、高效、可持续利用；也能够加快转变经济发展方式和优化空间开发模式，促进经济社会与生态环境协调发展。

2014 年 8 月，开化县被国家发改委、国土资源部、环境保护部、住房和城乡建设部四部委确定列为全国 28 个"多规合一"试点县市之一。开化县遵循"一本规划管到位"的要求，探索构建了"1+X"空间规划体系。"1"指统领管控作用的《开化县空间规划》，以主体功能区规划为基础，对现有多个空间性总体规划核心内容进行有机整合与创新而形成的"一本规划"；"X"指以"一本规划"为统一依据，编制形成的控制性详细规划、土地利用规划以及其他实施性方案或行动计划，落实了分区管控，绘成凸显"三区三线"的一张蓝图。按照主体功能区规划核心理念，对全县域开展精细化资源环境承载能力和国土开发适宜性评价，结合人口变动趋势和经济社会发展需求，科学划定城镇、农业、生态"三大空间"，生态空间由原来的 50.8%提高到 80.3%，以及划定城镇开发边界、永久基本农田红线和生态保护红线"三条红线"，制定空间管控原则，形成空间规划底图。在此基础上，编制形成融发展与布局、开发与保护为一体的全县域空间管控"一张蓝图"，为重大基础设施、重大产业、重大项目等科学布局提供了依据。

通过"多规合一"明确导向，把全县域作为一个大公园来规划、建设和管理，实现了"全域景区化、景区公园化"。通过"多规合一"促进协调，立足发展一盘棋，系统构建生态保护网、综合交通网、绿色能源网、指挥信息网和社会服务网，实现了绿色发展成果共享（李志启，2016）。

（5）顶层设计的制度改革保障政府有效和市场有效。资源环境约束已成为中国经济社会可持续发展的重要瓶颈制约，亟待通过生态文明制度建设进行破解。绿水青山如何从生态资本变成经济资本、富民资本，更需要体制和制度上的保障。中国生态环境问题和危机的解决，有赖于建立起系统完整的制度体系，用制度和法治保护生态环境、推进生态文明建设。习近平总书记指出："只有实行最严格的制度、最严密的法治，才能为生态文明建设提供可靠保障。将生态文明建设纳入领导干部考评和衡量经济社会发展重要参考指标，逐步建立起与生态文明建设要求相一致的科学评价体系、考核办法和奖惩机制。同时，要建立责任追究制度，对那些不顾生态环境盲目决策、造成严重后果的人，必须追究其责任，而且应该终身追究。"（陈文旭，2015）

开化县已建立起由政绩考核制度、生态补偿制度、生态惩罚制度和自然资源审计问责制度有机构成的"绿色制度体系"。第一，开化县已被取消了以工业增加值和 GDP 为导向的发展评价机制，把资源消耗、环境损害、生态效益纳入经济发展水平的评价体系和考核指标，增加了"水质""空气质量"等与生态环境相关内容的考核，加大了对生态文明建设的考核力度、考核比重。第二，省政府为开化、淳安 2 个县设立了生态功能区示范区建设试点资金，建立了与污染物排放总量、出境水水质、森林质量挂钩的财政奖惩机制，主动接受生态环境质量正向激励与反向倒扣的双重约束。第三，开化县在全省率先建立环境损害流动审判法庭，有效地提高生态环境保护水平，打击了破坏生态环境的违法犯罪。第四，开化县率先试点领导干部自然资源资产审计，客观评价领导任期内履行自然资源资产管理职责情况，将其纳入领导干部经济责任审计报告及审计结果报告，作为领导干部经济责任审计的一项重点内容进行反映。通过绿色制度体系的保障，让开化的天更蓝、山更绿、水更清、地更净。

8.2.5 开化县绿色发展、生态富民的未来方向

8.2.5.1 与时俱进认识绿色富民重要思想

2005 年 8 月，习近平同志在《浙江日报》的"之江新语"上发表了"绿水青山也是金山银山"的评论，强调如果把"生态环境优势转化为生态农业、

生态工业、生态旅游等生态经济的优势，那么绿水青山也变成了金山银山"。2015 年 3 月 24 日中央政治局审议通过的《中共中央　国务院关于加快推进生态文明建设的意见》（以下简称《意见》），正式把"坚持绿水青山就是金山银山"作为我国加快推进生态文明建设的重要指导思想。

"两山"重要思想揭示了人与自然关系的阶段论：第一个阶段是用绿水青山去换金山银山；第二个阶段是既要金山银山，也要绿水青山；第三个阶段是绿水青山就是金山银山。开化县在过去的十年中，不断践行"两山"理论，也反映了开化县发展理念和价值取向从单纯经济观点、经济优先，到经济发展与生态保护并重，再到生态价值优先、生态环境保护成为经济发展内生变量的变化轨迹，体现了经济发展与环境保护的统一论（夏宝龙，2015）。然而，与安吉县、桐庐县、淳安县等地区相比，开化县的环境保护尽管处于领先地位，但是人均 GDP、农村居民人均纯收入等还存在一定的差距，未充分实现生态环境优势向生态经济优势的转变，尚处于"两山"论中的第三阶段的起步位置，生态富民还有很长的路要走。

8.2.5.2　科学理解生态发展、绿色富民

我国正在告别"唯 GDP 论"时代，"淡化 GDP，重视民生"成为政绩考核的新导向，全国已有超过 70 个县市取消了 GDP 考核。取消了 GDP 的考核，并不是说只要护好生态就行了，经济发展并不重要了。取消 GDP 考核，表面上是做"减法"，实质上是要做"加法"。GDP 和生态保护，并不是"你死我亡"的关系。对于开化来说，生态保护是第一要务，但是，经济发展同样能反作用于环境保护，没有钱何谈保护？取消 GDP 考核，绝不是不要发展，而是要防止把发展简单片面地等同于追求 GDP 的增长，防止不顾一切地消耗甚至浪费资源、能源，不惜以牺牲环境为代价的外延式增长。这就意味着，开化必须实现更高标准、更高层次、更高质量和效益的发展。不能走靠消耗资源、污染环境的路子，一定要积极探索科学发展、转型发展、绿色发展的新路，既要金山银山，又要绿水青山。

坚持生态立县不等于不要经济发展，绿色富民必须建立在发展的基础之上。绿色发展是"绿色"与"发展"的合成，是经济生态化与生态经济化的结合。绿色发展不是只要"绿色"，不要"发展"。只要是对生态有利的或者

是无害的产业就要大力发展；只要是具有绿色特征的生态产品和生态资源就要大力转化。

从马克思主义发展观来看，发展是复杂的有机体，无论自然的发展、科技的发展、经济的发展还是社会的发展，最终都是为了人的发展。五大发展理念最终落脚于提高民众生活水平与幸福指数的"共享发展"。从共享发展视角来看，绿色经济仅仅是发展的物质基础，它能否普惠民众、能否将增长成果转化为民生需求则是决定民众幸福感的关键环节。

绿色是指不能以牺牲环境为代价发展经济，开化县经济发展要在激烈的工业化和城镇化竞争中保持"绿色"。"富民"，不仅仅是经济收入，应该是幸福感、幸福指数。老百姓的幸福就是开化县的追求目标，开化县应防止"幸福指数悖论"的出现。开化县经济要发展壮大，同时，"绿色"和"富民"要一致，老百姓能够分享经济发展的成果；绿色发展的目标是提高开化县居民满意度和幸福水平，提高大多数人的幸福感。开化县应改变对物质财富的单一聚焦，将生活环境纳入幸福指数的衡量范畴中，构建新型"绿色幸福指数"，引领生态富民的新思想和新道路。

8.2.5.3 不断探索绿色富民的新途径

（1）谋求区域经济的绿色发展。我国经济发展进入新常态，为各地区推动经济结构调整、促进产业提档升级提供了新的契机。进一步强化"环境就是现实生产力"的理念，把资源、环境、民生等有机结合起来，实现"资源消耗最小化、环境损害最低化、经济效益最大化"的目标，成为各区域发展的重要任务。因此，开化县要积极推动绿色产品的设计与研发，推动最新技术和科研成果转化为绿色生产力；加快经济林、观赏林、碳汇林等的规模化建设。以绿色生产力驱动绿色制造业、生态农业、旅游业等为主体的绿色产业体系的构建。开发绿色能源、生产绿色产品，不断增大经济系统的绿色比重。加大节能减排、高效利用新技术的推广应用，重视环保科技的普及，加快落后产业的绿色升级、绿色转型，逐步形成经济发展的绿色模式。

（2）谋求绿水青山的价值转化。李克强总理指出，森林草原、江河湿地是大自然赐予人类的绿色财富，要完善生态保护补偿机制，让保护资源环境的地方不吃亏、能受益。"绿色发展，生态富民"工程具有"正外部性"，工程的开展控制了水土流失，减少了大气污染和温室气体的排放，更产生了公共福利，但是开化县的投入较大，其综合效益的发挥也是逐年体现的，需要国家拿出资金给予启动和支持。因此，针对当前开化县的实际情况下，建议开化县在争取国家专项资金扶持的同时，各地应在支农资金、生态建设及小型基础建设等项目资金的使用上，多渠道予以扶持。制定生态补偿等财政转移支付，加快碳汇、碳权交易等市场机制建设，取得当地各部门的支持，调动社会各方面的积极性，坚持"谁投资，谁受益"的原则，吸引社会、企业和农民投入。积极争取金融单位的支持，利用小额贷款，逐步建立多层次、多方位、多渠道的投资机制。

（3）打造绿色富民的开化品牌。"生态原产地产品"是指在产品形成过程中符合绿色环保、生态节能、资源节约要求，并且具有原产地特征特性的良好生态产品，是生态与原产地相结合的产品。开化县具有非常丰富的自然资源，优美的生态环境，也有许多具有原生态的名、优、特色农产品，为进一步促进"绿色发展，生态富民"，开化县应打造出一大批本地过硬的生态原产地产品和品牌，以提升开化产品品牌形象、消费者信心、国际知名度及产品附加值。同时，打造绿色富民的开化经验，使其可复制、可移植、可推广，这需要策划、实践、总结与宣传。

习近平总书记指出，全面建成小康社会，最艰巨、最繁重的任务在农村和贫困地区。没有农村的小康，特别是没有贫困地区的小康，就没有全面建成小康社会。开化县"人人有事做、家家有收入"的发展道路为中国生态禀赋优异、经济发展相对落后的众多其他县区发展提供了重要示范，是中国特色社会主义初级阶段区域实现共享共富的生动体现。

8.3　小　结

安吉县作为全国生态文明示范县，通过近十年的发展，形成具有特色的"安吉模式"，在经济方面，安吉县的发展具有地方特色，以竹产业为基础，形成了一系列产业，并逐步融合一二三产业，并通过引进先进技术，推动产业升级。而在环境方面，通过植树造林，将森林覆盖率保持在较高水平，同时严格监控环境质量。对企业的环保审批也具有专业的机构，严格把关企业污染物的排放等。

安吉县在生态文明建设中走在了全国前列，在大部分生态指标上都具有明显的优势，但是安吉县在拥有自身优势的条件下，也具有一些不足之处，在教育科技的投入、医疗保障建设、基本养老保险等方面还需要加强，同时在对工业废气、工业固体废物的监控也需要更加严格的把关，积极加大科技产业的研发，利用有利的条件，进行产业改革，促进产业生态化。

以"绿水青山就是金山银山"为指导是安吉县生态文明建设的重要体现。安吉生态文明建设基于是顺应时代潮流，站在了时代的高度。安吉人民从农业文明到生态文明的跨越，这是一个伟大的创造。"安吉模式"是这一创造的实践经验的总结。安吉人民用生态文明的观点，进行现代经济—政治—文化—环境建设，实现社会全面转型。"工业强县"没有摆脱贫困面貌，"生态立县"建设生态文明，使安吉成为富裕县、浙江强县。

开化全县经过坚定不移地践行"两山"的思想，坚持生态立县，勇闯"红色传承、绿色发展"新路，创新体制机制，实现了绿、富、美，正在朝着美丽浙江的先行区、生态经济的示范区以及"两山"重要思想的实验区前进。开化县的"生态富民"之路为全省乃至全国山区科学发展树立了前进标杆，为生态禀赋优异、经济发展相对落后的众多其他县区发展提供了重要示范，为中国生态文明建设提供了重要样本，而且为全球绿色发展提供新思路和新样式。

参考文献

[1]   才惠莲. 我国跨流域调水生态补偿制度的完善[J]. 中国行政管理，2013（10）：11-112.

[2]   陈宁. 基于服务要素投入的制造业结构演进规律研究[D]. 上海：上海社会科学院，2010.

[3]   陈文旭. 绿水青山就是金山银山[J]. 前线，2015（2）：44-45.

[4]   陈艳. 上海推出林业健康发展的六条政策措施[J]. 政策瞭望，2016（4）.

[5]   程永前，陆雍森，包存宽，等. 建立多维机制保障绿色 GDP 有效实施[C]. 中国可持

续发展论坛——中国可持续发展研究会 2005 年学术年会，2005：523-526.

[6] 方伟春. 开化创建国家生态县的实践与思考[J]. 大科技·科技天地，2010，7：52-54.

[7] 耿国彪. 古田山鲜为人知的美丽[J]. 绿色中国（B 版），2014（8）：64-67.

[8] 关琰珠，郑建华，庄世坚. 生态文明指标体系研究[J]. 中国发展，2007（6）：21-27.

[9] 郝佳. 基于生态安全的新疆产业结构优化研究[D]. 石河子：石河子大学，2012.

[10] 侯鹰，李波，郝利霞，等. 北京市生态文明建设评价研究[J]. 生态社会（学术版），2012（1）：436-440.

[11] 蓝庆新，彭一然，冯科. 城市生态文明建设评价指标体系构建及评价方法研究[J]. 财经问题研究，2013（9）：98-106.

[12] 李志启. 总书记点赞开化"多规合一"试点经验——浙江省发展规划研究院为开化县"多规合一"试点匠心绘蓝图[J]. 中国工程咨询，2016（7）：10-14.

[13] 刘君，刘尚俊. 绿色低碳理念下现代城市交通规划措施分析[J]. 生态经济，2017，33（2）：54-57.

[14] 倪文胜. 浅析上海海洋资源开发利用模式[J]. 海洋开发与管理，2006，23（6）：169-171.

[15] 牛文元. 可持续发展导论[M]. 北京：科学出版社，1994：146-154.

[16] 任重. 山区县域生态文明建设的路径——以浙江省安吉县为例[J]. 古今农业，2013（1）：35-39.

[17] 任重. 县域生态经济建设的途径探析——以浙江省安吉县为例[J]. 当代经济，2012（9）：45-47

[18] 上海提出实施水生态文明建设的意见[J]. 政策瞭望，2014（3）：55.

[19] 石建勋. 考虑灌区生态需水的水资源优化配置研究[D]. 银川：宁夏大学，2008.

[20] 市政府办公厅关于转发市绿化市容局等制订的《2016—2018 年本市推进林业健康发展促进生态文明建设的若干政策措施》的通知[EB/OL]. 上海市政府新闻网. http://www.shanghai.gov.cn/nw2/nw2314/nw2319/nw12344/u26aw47044.html，2016.

[21] 谭建立. 论我国基本公共服务均等化的范围[J]. 中国国情国力，2013（1）：32-34.

[22] 推进生态文明建设筑就美丽上海[EB/OL]. 求是理论网. http://www.qstheory.cn/st/dfst/201301/t20130115_205685.htm，2013.

[23] 王敏，黄沈发，鄢忠纯. 上海市生态环境功能区划研究中的两个重要指标[J]. 环境科学与技术，2006，29（11）：102-105.

[24] 王文清. 生态文明建设评价指标体系研究[J]. 江汉大学学报：人文科学版，2011，10（5）：16-19.

[25] 王祥荣. 完善激励和约束机制，促进上海生态文明建设[J]. 科学发展，2014（4）：100-108.

[26] 为了城市的天更蓝树更绿——上海推进生态文明建设纪实[EB/OL]. 上海文明网，http：//www. wmsh. gov. cn/xinwen/201205/t20120508_97097. htm，2012.

[27] 吴耀宇. 浅论盐城海滨湿地自然保护区旅游生态补偿机制的构建[J]. 特区经济，2011（2）：167-168.

[28] 夏宝龙. 照着"绿水青山就是金山银山"的路子走下去[J]. 政策瞭望，2015（16）：4-7.

[29] 严也舟，成金华. 生态文明建设评价方法的科学性探析[J]. 经济纵横，2013（8）：77-80

[30] 殷子萍. 城市人为热估算的初步研究——以广州市为例[D]. 广州：华南师范大学，2013.

[31] 迎难而上求发展，改革创新启新篇——2015年统计公报解读[EB/OL]. 上海统计网，http：//www. stats-sh. gov. cn/sjfb/201602/287257. htmll，2015.

[32] 余谋昌. 生态文明：建设中国特色社会主义的道路——对十八大大力推进生态文明建设的战略思考[J]. 桂海论丛，2013（1）：20-28.

[33] 在传统供应链管理中加入绿色元素沪启动"企业绿色链动项目"[N/OL]. 解放日报，http：//newspaper. jfdaily. com/jfrb/html/2016-01/29/content_170111. htm，2016.

[34] 张少兵. 环境约束下区域产业结构优化升级研究[D]. 武汉：华中农业大学，2008.

[35] 浙江省开化县编办. 实施主体功能区定位发展创新开化国家公园行政管理体制[J]. 机构与行政，2015（4）.

[36] 郑婷，张子元，鲍秀英. 打造生态样本的美丽筑梦人[J]. 绿色中国（A版），2014（13）：14-18.

[37] Odum H T. Environmental accounting：EMERGY and environmental decision making [M]. John Wiley，New York. 1996.

第9章
国内促进生态文明建设的经验
——典型案例研究

本章叙述了国内关于生态文明建设的几个典型案例。首先介绍了上海市开展生态文明建设的背景与必要性，上海市生态文明建设过程中采取的主要措施以及取得的主要成效。本章还介绍了我国传统产业钢铁业在生态文明建设背景下进行绿色转型的意义与现状，绿色转型的影响因素和具体路径。生态文明建设过程中的典型案例可以为其他地区实施生态文明建设、制定相关政策提供有价值的经验。

9.1 上海市促进生态文明发展的经验

9.1.1 上海市生态文明建设的背景

上海，江河众多，气候温和湿润，同时也是我国人口密度最高的城市之一，随着生产总值每年的增长，生态环境的维护和建设也是上海市政府亟须考虑和进行的重点问题。纵观上海的历史和现实发展过程，对环境和生态造成了不容忽视的不利影响，因此，在长江的经济带进行生态文明建设也是必不可少的。上海位于长江的下游，以至于如果长江的生态环境受到污染，那么上海会成为承担不利后果的那个角色；反之，如果长江的生态环境得到改善，那么上海即成为受益的那一方。

9.1.2　上海市生态文明建设的必要性

我国的生态文明建设从党的十八大以来，越来越受到各界的重视，在文献资料的整理过程中，也发现了许多新颖且独到的观点，从生态文明建设理论到它的充实和发展，从着眼于某个特定领域到关注生态全局的发展，生态文明建设研究的必要性越来越明显。

（1）经济快速发展面临环境压力。上海在 21 世纪以来就进入了高速发展的时期，GDP 的增长率一直处于同类城市的平均水平，同时巩固着其在长江三角洲的核心经济地位。在上海经济为全国经济做出巨大贡献时，它受到各界的影响相对会比较大，同时它对外界风险的抵御能力也会相对较低，经济增长的方式还是粗放的方式，即资源消耗得越多、生产得越多，那么相应的污染也越严重。

随着经济的高度发展，一个城市就会受到多方的因素制约，如人口密度大、面积小、土地资源短缺等，这些都使上海的各方面发展面临着极大的挑战，上海要从之前的劳动密集型产业渐渐朝技术和资金密集型的高新科技产业转变，其外部环境对实现社会经济发展结构的转型升级并不宽松，上海的产业结构还存在一定的不足。然后上海在经历半个多世纪的工业化变革和演变后，其产业结构发生了变化，正逐渐从资源需求较大的重化工业到依靠自主创新的高新技术产业，一定程度上使得环境压力减缓，但长期重污染和高消耗的产业已经使上海的生态环境遭受了破坏，因此，为了资源的合理配置得到最大化，早日建成环境友好型社会和和谐社会，上海的生态文明建设也就成了社会发展的必然趋势。

上海市作为中国社会经济发展最迅速和社会发展水平最高的地区之一，近年来饱受环境资源的压力，传统工业因其特有的高污染、高耗能特点而在其发展过程中带来了许多影响生态环境的问题（陈宁，2010）。随着上海市社会发展和经济发达程度越来越高，资源危机和生态受损也越来越明显，上海市亟须从传统的工业和经济发展道路中走出，因而选择进行生态文明建设就有了其必然的理由。

（2）生态环境问题日益突出。上海是我国经济高度发达的地区，远超全国经济发展的平均水平，在经济高速发展的同时，也面临着生态环境破坏和资源短缺的压力，环境质量不断下降使其成了我国生态环境脆弱地带。上海能源矿产资源匮乏，一次性能源如石油、煤炭和天然气等生产约为零，主要依靠的是进口的能源资源。

近两年随着上海经济的快速发展，上海市产业结构和经济增长方式的不合理造成了对电力资源的需求迅速增加，一系列高耗能产业的发展，也加大了对上海市电力资源的需求。

另外，在地下水资源被过度开放的同时，地面水质的恶化更是使得水资源达到了非常稀缺的程度。上海市区域内最低的开采水层水位是-50 m，目前来看已经处于疏干型的状态。因此，在生态文明建设过程中，水资源的"开源"和"节流"也非常重要。

9.1.3　上海市生态文明建设主要成效与经验

9.1.3.1　上海生态文明建设的主要成效

上海市近年来的生态文明建设中以"扎实推进，稳步维护"为战略，在生态建设的建设中取得了非常不错的成绩，主要体现在减少排污和治理工作，上海的环境质量也得到了大幅的提升。2015 年《上海市统计公报》显示，上海用于环境保护的资金投入为 708.83 亿元，相当于上海市生产总值的比例为2.8%。全年环境空气质量优良率（AQI）为 70.7%。生活垃圾无害化处理率达到 100%，同比提高 5 个百分点①。下面主要通过大气环境的保护、水环境的保护、自然资源和生态环境目标实现程度等四方面看近十年来上海市生态文明建设所取得的成效。

首先，大气环境保护方面。据悉，上海在 2005—2014 年已连续 10 年在生态文明建设过程中的环保投入占同期国民生产总值的 3%左右，投入值也从2010 年的 13.35 亿元增至 2014 年的 22.74 亿元，年均增幅达 14.2%。在加强综合防治大气污染的工作中，上海市采取了以下 4 个方面的措施：一是完善扬尘污染控制机制；二是切实做好农作物秸秆综合利用工作；三是启动高污

---

① 迎难而上求发展，改革创新启新篇——2015 年统计公报解读[EB/OL]. 上海统计网，http：//www. stats-sh.gov.cn/sjfb/201602/287257.htmll，2015.

染排放车辆监管淘汰机制；四是建立燃煤锅炉、挥发性有机物等造成的空气污染等长效监管机制。因而一定程度上在大气环境的保护方面，取得了很大的成效。

据上海统计信息网公布的信息，在近 8 年期间，上海的环境空气质量优良率一直稳定在 85%以上；工业废气、烟尘排放、废水排放总量、生活废气排放、废水化学需氧量排放总量等逐年下降（见表 9-1）。

表 9-1　大气环境保护（2005—2014 年）

年份	工业废气排放总量（标态）/亿 m³	烟（粉）尘排放量（标态）/亿 m³			废气二氧化硫排放量/万 t		
		总量	工业	生活及其他	总量	工业	生活及其他
2005	8.482	11.52	4.95	6.57	51.28	37.52	13.76
2006	9.428	11.29	4.73	6.56	50.80	37.43	13.37
2007	9.591	10.60	4.04	6.56	49.78	36.44	13.34
2008	10.436	10.63	4.06	6.57	44.61	29.80	14.81
2009	10.059	10.18	3.64	6.54	37.89	23.93	13.96
2010	12.969	10.21	4.18	6.03	35.81	26.32	9.49
2011	13.692	8.98	6.64	2.34	24.01	21.01	3.00
2012	13.361	8.71	6.37	2.34	22.82	19.34	3.48
2013	13.344	8.09	6.72	1.37	21.58	17.29	4.29
2014	13.007	14.17	13.14	1.03	18.81	15.54	3.27

注：① 2008 年起，工业废气排放量按新排放系数计算。

② 2011 年起，烟尘排放总量统计口径变更为烟（粉）尘排放量。

资料来源：上海市统计年鉴。

其次，水环境保护方面。上海主要水系如黄浦江、苏州河等水质稳定，随着上海生命水源工程"青草沙原水"工程全面通水，上海城市生态品质大大提升。2005—2014 年，废水排放总量虽然有所提升，但每年的增长量却有所下降；2005—2010 年，工业废水排放总量和工业废水化学需氧量排放总量不断减少，虽在 2011 年有所回升，但总体还是下降的；而污水处理厂数和污水处理厂污水处理量等则逐年增加。另外，随着上海市重点河流水质综合整治工程的实施，主要河流水质有所改善，废水排放量得到了较为稳定的控制，但改善的比例仍然较低。

表 9-2　水环境保护（2005—2014 年）

年份	废水排放量/亿 t		废水化学需氧量排放量/万 t		工业重复用水量/万 t	污水处理厂数/座	污水处理厂污水处理量/万 t
	总量	工业	总量	工业			
2005	19.97	5.11	30.44	3.66	886 503	42	117 833
2006	22.37	4.83	30.20	3.53	843 970	43	155 726
2007	22.66	4.76	29.44	3.38	899 098	45	152 886
2008	22.60	4.41	26.67	2.76	946 198	47	177 090
2009	23.05	4.12	24.34	2.90	1 004 672	51	171 609
2010	24.82	3.67	21.98	2.16	1 047 970	52	189 654
2011	19.86	4.46	24.90	2.74	747 893	53	193 354
2012	22.05	4.77	24.26	2.62	778 841	53	200 685
2013	22.30	4.54	23.56	2.55	727 088	53	203 222
2014	22.12	4.39	22.44	2.48	708 921	53	208 145

注：2011 年起，废水排放总量中增加了农业源和集中式治理设施排放的废水。
资料来源：上海市统计年鉴。

　　通过对上海生态文明建设定量分析得出，2005—2014 年上海市整体生态文明水平呈不断进步的发展态势，其中 2005—2006 年进步率高达 52.21%，是由于该年度环境质量进步率较高；2008—2009 年整体进步率为 27.55%，则是得益于生态活力的显著提升；2009—2010 年略有退步，是生态活力下降所导致；2010—2014 年的数据表明上海的生态文明建设渐入佳境，稳步增长。

　　最后，上海市近年来在生态活力方面获得全面提升，特别是在城市森林发展、沿海防护林建设、湿地保护与郊区平原绿化等方面。2014 年与 2005 年比较，绿化和森林覆盖率不断提升，后者增长达到了 1.5 倍。在湿地保护方面，上海做得较好，如东滩国际重要湿地、崇明岛湿地等，据 2016 年新浪上海的数据显示，上海全市的湿地面积已达 30 多万 hm^2，约占上海总面积的 40%。但对比 2009 年和 2010 年的数据，可以发现上海的自然保护区急剧减少，高达 64.71%，直接影响了该年度上海的生态活力建设。上海基础薄弱的自然森林资源在通过实施多项生态建设工程后，得到明显的改善，生态活力大幅提升，这为建设其他生态薄弱地区提供了实践性的示例。

9.1.3.2 上海市生态文明建设的经验

（1）基于结构调整的绿色产业体系——崇明。崇明岛，中国第三大岛，被誉为"长江门户、东海瀛洲"。随着经济的迅速发展，众多的投资都往崇明而来，崇明遭受巨大的生态压力，因此近年来崇明的生态文明建设将其定位为建设综合生态岛，采取"休养生息"的战略。

崇明的生态建设过程，主要着眼于新能源材料、海洋资源开发、旅游业、高新科技产业等低碳产业；集中做好推进供水水质安全化、保障水资源的可持续利用（倪文胜，2006）；扎实推进林地、绿地建设，切实深化土地资源的生态补偿机制；创新实践湿地科学实验站，构建了东滩、西滩两大湿地保护示范区；加快主干街道和河道的综合治理、城市生活污水和农村污水的分类处理（吴耀宇，2011）。这有效地保护了崇明岛内的大气、土地、水资源等生态环境，生态岛国际影响力与日俱增。

另外，崇明岛生态建设的成功还通过发展生态企业实现。生态食品企业主要实施"种养结合"的发展战略，建设上海最大的果蔬基地，在绿色食品、有机食品等农产品质量稳步提升，逐步跻身高端健康食品行列，被农业部认定为"国家级现代农业示范区"。

（2）园区：跨区域合作，调结构，让城市"修生养息"。上海的生态文明建设，不仅惠及上海本身各个区县还联合了长江经济带沿线省市，共同建设国家级的经济生态开发示范区，总结上海多年建设园区跨区域合作，同时在长江沿江的园区和产业建设方面，建立合作对接的长效机制，有利于解决其之前无序发展的问题，提升长江流域园区与产业合作对接的影响力。

另外，长江沿线的区域旅游合作是由上海市牵头，沿线主管部门定期召开会议，共同开发旅游产品和线路，积极发展"互联网+旅游"，将旅游企业和互联网金融相结合，同时鼓励各方经济主体采用第三方支付平台，减少人力、物力、财力的流失，为建设区域旅游合作联盟的新经济发展机制奠定基础，这对长江沿线新经济的发展和生态文明的建设带来了新的发展契机。

（3）生活：科技+环保。随着 2012 年全国首家电子账单公共服务平台在上海正式开通，上海通过"科技+环保"的方式不断促进生态文明建设。工作中逐步采用了信息化的低碳技术，许多企事业、政府单位也逐渐减少纸质账单，减少木材资源、人力和物力成本；生活中生活垃圾无害化处理采用科技投入和技术，将垃圾管理从散装改变成密封式集中运输处理，杜绝"二次污染"，这让生态和环保的理念更加深入民心（王祥荣，2014）。交通上上海从航空和地铁入手，将飞机加装翼梢小翼，这样的做法可以节约航空燃料3%以上，年约降低 8 000 多 t 的 CO_2 排放量，上海的地铁主要采用新型水处理应用、LED 照明改造等新的技术，以期达到节省水电资源的目的。[1]另外上海在节能减排方面更是采用强化责任考核机制，实施技术和总量"双控"制度，不断推进能效水平提升和污染物排放总量降低，为上海生态文明的建设取得了显著成效。

（4）政策：保障措施的贯彻和落实。为贯彻党的十八大提出的建设"美丽中国"的精神，上海在促进生态文明建设、提升生态文明水平方面，围绕党中央、国务院印发《关于加快推进生态文明建设的意见》，制定了建设"美丽上海"的实施战略，推进《上海市 2015—2017 年环境保护和建设三年行动计划》，并已启动六轮环保三年行动计划，把生态文明理念融入开发、利用、治理、节约及保护等方面和环节中，为加快创新驱动、转型发展，建设"四个中心"、实现"四个率先"提供支撑和保障[2]。2014 年《上海市大气污染防治条例》正式实施，2015 年上海开展《上海市环境保护条例》修订，《清洁水行动计划》编制完成，力争从立法执法的源头出发，为促进经济社会发展与生态环境相协调，保障经济社会的可持续发展奠定了政策性的基础。

"十三五"规划提出后，为进一步落实中共中央、国务院印发的《生态文明体制改革总体方案》，充分发挥林业生态效益、社会效益和经济效益，根据《上海市国民经济和社会发展第十三个五年规划纲要》《上海市林地保护利用规划（2010—2020 年）》提出的目标任务，并制定了 2016—2018 年上海市推

---

[1] 为了城市的天更蓝树更绿——上海推进生态文明建设纪实[EB/OL]. 上海文明网，http://www.wmsh. gov.cn/xinwen/201205/t20120508_97097.htm，2012.

[2] 上海提出实施水生态文明建设的意见[J]. 政策瞭望，2014（3）：55.

进林业健康发展促进生态文明建设的若干政策措施。①一是继续实施经济果林"双增双减"和套袋技术补贴政策；二是继续实施林下种植复合经营补贴政策；三是实施经济果林保险补贴政策，公益林每亩保费 60 元，保费参照公益林建设市级财政补贴比例给予补贴。②

9.1.4　上海市生态文明建设主要措施

生态文明涉及经济、社会和生态等方面，整个研究复杂且冗长，我们习惯用的环境学、生态学、经济学、社会学等学科知识难以直接运用到研究中，用以往的研究方法也难以表现出区域经济、社会、生态和自然的内在联系和影响，体现不了其系统性的特点。一直以来，上海市在围绕国家战略，推动长江经济带发展过程中，还明确了生态、环保等领域共 28 项重点工作。因此，本书在研究上海市生态文明建设成效时，归纳了其生态文明建设中的生态经济、生态环境和生态民生 3 个方面的措施和做法，以期给杭州市的生态文明建设实践提供经验和总结。

9.1.4.1　生态经济

（1）生态创新驱动产业转型发展。上海市不同区域根据不同的发展趋势有着不同的产业布局，虽然布局不同但其发展的态势都是围绕循环、低碳、绿色为特点的，完全符合上海建设生态文明和谐社会的要求。上海市的产业布局主要是以工业区为主的郊区和以发展绿色循环产业为主的中心城区。

（2）推动企业绿色链动项目计划。一直以来，上海市政府支持鼓励的态度让企业采用绿色环保的生产方式和公众循环绿色的生活方式，绿色供应链计划即是在企业传统管理模式的供应链管理中增加了环保元素，不断提升其生产效能，降低排污，这对经济社会来说是创新的环境管理手段，对于企业来说则是一种践行绿色发展的有益探索和尝试，实现低碳发展，从而提升整条供应链绿色化水平的新尝试。据资料统计，3M 中国有限公司已施行了 4 年

---

① 市政府办公厅关于转发市绿化市容局等制定的《2016—2018 年本市推进林业健康发展促进生态文明建设的若干政策措施》的通知[EB/OL]. 上海市政府新闻网，http：//www.shanghai.gov.cn/nw2/nw2314/nw2319/nw12344/u26aw47044.html，2016.
② 陈艳. 上海推出林业健康发展的六条政策措施[J]. 政策瞭望，2016（4）.

"污染防治投资计划"，共认证实施 611 个相关项目。

（3）构建生态文明建设机制。制定耕地、林地、水资源等的生态补偿机制，坚持"谁污染、谁付费"的原则（才惠莲，2013），通过生态补偿完成财政转移支付，探索建立环境事故责任保险制度，加大对郊区生态保护的投入，纳入经济社会发展评价体系。

（4）结构调整、产业升级。近年来，在工业污染治理方面，以重点行业和地区入手，加大投资力度，不断优化产业升级布局，加快推进整体环境的整治，缓解地区性环境矛盾，实现经济和谐绿色发展（张少兵，2008）。近年来上海市通过产业结构的升级和调整给生态环境减缓了压力，自 2007 年以来，上海共实施调整项目 3 624 项，节约标煤 536 万 t，这一定程度上影响了全市的 GDP 收入，但同时也是为长远的发展铺垫环境基础。

9.1.4.2　生态环境

（1）全面加强水环境建设保护。上海市政府建立了最严格的水资源管理制度，杜绝违规开采地下水资源，每年的地下水资源开采量控制在 1 800 万 m³；减少农业灌溉的浪费，保持采灌平衡①；重点整治河道水资源环境，保护海洋生态环境；节约生活用水和工业用水，实现万元 GDP 用水量和万元工业增加值用水量下降 30%，加强节水型社会的建设。

（2）优化和节约集约利用土地资源。上海市政府已完成 9 个区（县）级、82 个镇（乡）级土地利用总体规划，其余剩下的区（县）、镇（乡）土地规划预计在未来 5 年内全部完成。

（3）加大污染减排和环境保护力度。在前一阶段的生态环境治理中，上海市政府在大气减排和环境保护方面，主要坚持预防为主、防治结合，控制大气环境中的主要污染物，强化治理 $PM_{2.5}$，进一步削减主要污染物排放总量。另外，不断推进生活垃圾分类收集和处置体系建设，提升资源循环利用的技术和水平。

9.1.4.3　生态民生

（1）加强宏观发展的规划和政策与资源环境之间的统筹协调。上海把环

---

① 石建勋. 考虑灌区生态需水的水资源优化配置研究[D]. 银川：宁夏大学，2008.

境功能区进行了划分，与之相对应其城市原本的主题功能区，从功能分区的战略实施情况入手（王敏等，2006），将合理配置能源资源、减缓能源的消耗率、控制污染物排放，作为其城市建设的手段，在产业结构和空间布局方面优化结构，推进绿色交通、生态网络建设，促进经济高效发展，提高生活质量。

（2）落实规划，认真实施。上海在生态文明建设之初，就制定了《上海市基本生态网络规划》，聚焦在深化生态网络规划和其实施机制上，并从政府的资源入手切实推进实施，形成城市生态控制线，并基本实现初步成效。

（3）大力推进低碳建筑和交通节能。早前上海就已将其城市规划的重点放在绿色低碳的建筑和高效节能的运输方式上：以城市居民住宅产业化为重点，积极推动绿色低碳的建筑发展和绿色低碳城区的建设；积极发展高效运输方式和完善城市公共交通系统。上海市政府在城市规划的指导下，推广绿色低碳技术应用到公共交通领域，且倡导市民采用节能低碳的交通工具和节能家电（刘君等，2017）。到 2015 年，上海中心城区公共交通出行占中心城区公共交通客运量的比重达到 50%。[①]

9.2 传统产业绿色转型：以钢铁产业为例

传统产业的绿色转型是生态文明建设的重要内容之一。在对绿色转型发展等概念界定的基础上，以钢铁产业为例，分析传统产业绿色转型升级的意义、面临的问题等基础上，从动力和阻力两个视角，分析了环境政策、绿色技术、市场需求、企业自身的资源条件和绿色意识等影响钢铁产业绿色转型的因素，并提出了相关促进钢铁产业绿色转型升级的路径和对策。

9.2.1 传统产业绿色转型的意义

9.2.1.1 绿色转型的内涵及其相关概念辨析

（1）绿色转型的内涵。绿色转型是指以生态文明建设为主导，以循环经

---

① 推进生态文明建设　筑就美丽上海[EB/OL]. 求是理论网，http：//www.qstheory.cn/st/dfst/201301/t20130115_205685.htm，2013.

济为基础，以绿色管理为保障，发展模式向可持续发展转变，实现资源节约、环境友好、生态平衡，人、自然、社会和谐发展。其核心内容是从传统发展模式向科学发展模式转变。

绿色转型有两个视角。第一，从关注自然的角度出发，认为绿色转型是以绿色发展理念为指导，通过改变企业运营方法、产业构成方式、政府监管手段等实现企业绿色运营，使传统黑色经济转化为新型绿色经济（刘纯彬等，2009）；考虑到资源环境承载能力，绿色转型也被认为是提高资源生产率和生态发展绩效的可持续发展模式（诸大建，2011）。第二，从关注人的角度出发，认为绿色转型不仅包含企业对于外部环境的影响，还包括企业内部充分关注劳动者工作环境和福利，需要使企业的产品符合健康标准，即协调好企业与劳动者及企业与社会的关系（刘学敏等，2015）；它也涉及城市的绿色转型，其内涵也包括城市空间重构、产业体系再造、消费模式转变等有利于人的利益的调整（朱远，2012）。由此，绿色转型也被认为是关注地球的健康和人的健康的"双健康"模式（史培军等，2004）。

（2）绿色转型是生态文明建设的重要标志。绿色转型与发展就是加快推动生产方式绿色化，构建科技含量高、资源消耗低、环境污染少的产业结构和生产方式，大幅提高经济绿色化程度，加快发展绿色产业，形成经济社会发展新的增长点。绿色转型与发展是生态文明建设的重要标志。绿色发展是一种以绿色技术和清洁能源来创造新的增长动力和就业机会的新发展模式（郑红霞等，2013）。俞海等（2015）认为"绿色增长是旨在促进经济增长和发展的同时，必须确保自然资产能够继续为人类幸福提供各种资源和环境服务"。

绿色转型的侧重点在于发展模式的转变。借鉴刘纯彬等（2009）、王志锋等（2008）、杜创国等（2010）等的研究，廖中举等（2016）将绿色转型界定为"从传统的发展模式向可持续发展模式的转变，该转变的核心在于降低资源的消耗、污染的排放等，最终实现环境成本的内化"。

（3）绿色转型的意义——以钢铁产业为例。传统产业对处于工业化阶段的我国来说依然是工业的主体，是推动我国经济增长的重要力量，目前仍拥有较广阔的国内外市场需求和发展空间，但是伴随而来的产业与市场及环境的矛盾问题也日益严重，供过于求、产能严重过剩、环境污染等，因此对传统产业的转型升级刻不容缓。而钢铁产业作为我国传统产业的重要组成部分，问题尤为突出，更需要在产业转型时发挥领头作用。低碳、绿色、环保是近年来我国的热议话题，对于"高投入、高消耗、高排放"为特点的钢铁产业，绿色转型将更是其保持竞争力、可持续发展的必然选择。

从政策方面分析，2012 年 8 月，国务院印发的《节能减排"十二五"规划》要求把能源消费总量、污染物排放总量作为能评和环评审批的重要依据，对钢铁等行业实行主要污染物排放总量控制。2013 年 10 月，《国务院关于化解产能严重过剩矛盾的指导意见》指出，到 2015 年年底前要淘汰炼铁 1 500 万 t、炼钢 1 500 万 t；并在"十三五"期间，结合产业发展实际和环境承载力，通过提高标准，加快淘汰一批落后产能。在 2014 年 4 月通过的新环保法（2015 年 1 月 1 日开始实施）更是加大了环境治理的执法处罚力度。2016 年 2 月，国务院又出台《国务院关于加强钢铁行业化解过剩产能实现脱困发展的意见》要用 5 年时间再压减粗钢产能 1 亿～1.5 亿 t，严禁新增产能的钢铁项目。渐趋完善的行政政策和日益严格的执行标准说明国家对传统产业的重视以及钢铁产业绿色转型的迫切性。从市场竞争和环境方面分析，我国钢铁产业产能过剩，但是仍存在着严重供给侧结构性问题，主要致力于生产粗钢等中低端钢材，在高端产品上的提供欠缺，如飞机与航空、船舶与海洋等重大领域技术装备所需的钢材零件。另外，钢铁产业主要依靠引进国外先进技术，缺乏自己的核心竞争力（王国栋，2015），使竞争优势逐渐减弱，市场发展困难。除此之外，国家人民趋于建设资源节约型和环境友好型社会，而钢铁产业发展以来所引起的能源过度消耗和环境污染有悖于我国的发展观。

面对不断出台的新行政法规、钢铁的节能减排、市场竞争的多重压力，钢铁产业结构调整、绿色转型升级将是一个势不可挡的趋势。绿色转型将有利于钢铁产业的可持续化发展，提升其核心竞争力，改善其社会形象。首先，钢铁产业通过技术创新，降低生产投入，提高资源利用率，实现废物循环利用，减少能源消耗，实现降本增效的双重目标。其次，绿色转型中延伸产业链，适度开展多元化发展，实现产业生态化，增强市场竞争力（律晓宏，2015）。所以，绿色转型不论从社会效益还是经济效益分析，对钢铁产业未来的发展都具有重要意义。

9.2.2　钢铁产业绿色转型发展的现状

　　钢铁行业是我国经济发展的基础性行业，对国民经济的发展起到基础性和支撑性的作用。钢铁行业是以从事黑色金属矿物采选和黑色金属冶炼加工等工业生产活动为主的工业行业，包括金属铁、铬、锰等的矿物采选业、炼铁业、炼钢业、钢加工业、铁合金冶炼业、钢丝及其制品业等细分行业，是国家重要的原材料工业之一[①]。我国钢铁行业面临严重的产能过剩问题，钢铁行业绿色转型已经迫在眉睫。

　　以钢铁行业的粗钢为例，总体来说，2007—2011 年我国钢铁行业处于产能利用率的合理区间（79.5%～81.3%），但从 2012 年开始，受到 4 万亿元投资支持下的巨大产能影响，钢铁行业产能利用率出现大幅下降。粗钢产能分别由 2012 年的 10 亿 t，上升至 2013 年的 10.4 亿 t，2014 年的 11.4 亿 t，2015 年的 11.6 亿 t；粗钢的产量也分别由 2012 年的 7.2 亿 t，上升至 2013 年的 7.79 亿 t，2014 年的 8.23 亿 t，2015 年的 8.04 亿 t；而粗钢的产能利用率基本呈下降趋势，分别为 72%、74.9%、72.2%和 69.3%。据国际钢协统计，全球钢铁产业 2013 年的平均产能利用率为 78%，而我国钢铁行业的平均产能利用率仅为 72%，以上数据表明我国传统的钢铁产业面临严重的产能过剩问题，见图 9-1。

　　钢铁产业在促进我国经济快速发展的同时，也带来了一系列的生态问题，例如，能源的过度消耗，废气、废水、固体废物等导致的环境污染。钢铁企业的竞争力面临严峻考验，缺乏后续增长的动力。其中，自 2009 年以来，我国钢铁企业发展十分艰难：低端产品过剩、高端产品缺乏、污染问题突出、生产运行成本加大、企业运营困难。尤其是 2014 年，钢铁行业的重点企业的亏损额创历史新高，甚至出现了企业倒闭的情况。钢铁产业的重点企业资产总额一直保持持续平稳增长，而其资产增长率在 2011 年后持续下降；在 2013 年之前，负债总额基本保持平稳增长，2014 年有了下降趋势。同样显见，资

---

① 中华人民共和国工业和信息化部. 2013 年上半年钢铁行业经济运行情况[R].

产总额和负债总额的增长幅度却在 2011 年之后开始逐年下降,更为显著的是 2012 年和 2014 年出现大幅下滑。这说明当前我国钢铁行业已趋于饱和,产能过剩严重而导致资金已经向其他行业转移了。由此可见,2014 年钢铁行业的重点企业的亏损严重,甚至出现了大量企业倒闭的情况,见图 9-2。

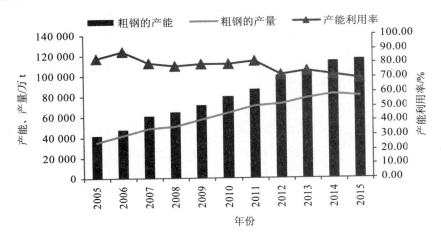

数据来源:中国统计年鉴、中国钢铁行业年鉴。

图 9-1 2005—2015 年粗钢的产能、产量和利用率

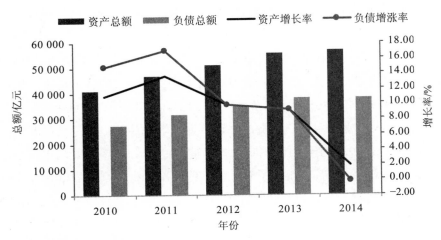

数据来源:中国统计年鉴、中国钢铁行业年鉴。

图 9-2 2014 年钢铁行业的重点企业的主要指标

2015 年国家"十三五"规划提出要牢固树立并切实贯彻创新、协调、绿色、开放、共享的发展理念，其中的"绿色"对钢铁企业也提出了新的要求。因此，钢铁企业如何实现绿色转型，走出困境成为理论界和实践界面临的一个重要问题。

关于钢铁企业绿色转型的研究也取得一定进展。汪涛等（2014）提出我国钢铁企业要实现可持续发展，需要从传统的商业模式逐步向为顾客提供价值和增值服务为主的多种商业模式转变；刘涛（2013）通过分析钢铁行业所面临的环保形势，以及党的十八大建设生态文明社会的要求，提出钢铁行业实现绿色转型应注重实施烧结（球团）烟气脱硫、优化除尘系统与积极应对新的环保要求。本书将从制度、市场、企业内部等方面分析影响钢铁企业绿色转型的因素，进而提出促进钢铁产业绿色转型相应的对策，推进生态文明建设。

9.2.3　钢铁企业绿色转型的影响因素

9.2.3.1　钢铁企业绿色转型的动力

（1）环境政策。在所有的政策之中，环境政策与钢铁企业绿色转型之间的关系最为密切。随着我国经济增长方式和经济结构的调整，国家对钢铁企业的环保要求日益严格（马克，2014），围绕淘汰落后产能、节能减排、污染防治、清洁生产等方面，国家及地方政府针对钢铁企业出台了一系列的环境政策。由于污染控制和创新是市场失灵的两个重要方面，污染具有负向外部性，而绿色创新被视为具有正向外部性，因此，如果缺乏用于克服这些市场失灵的公共政策，那么与社会最优值相比，钢铁企业则会污染很多，绿色创新很少（Johnstone，2009）。

环境政策通过命令与控制手段为钢铁企业的生产设置边界，或者为钢铁行业提供合适的价格信号，使钢铁行业将外部性纳入生产体系之中，因此，环境政策对钢铁企业的绿色转型具有推动作用。此外，部分研究也指出，与环境管制、技术标准等相比，环境政策中的市场工具，如税收，对促进钢铁企业绿色转型具有更好的作用，主要原因在于，市场工具给予了钢铁企业更大的灵活性，以使钢铁选择最合适的手段实现绿色转型（曹东等，2012）。绿色税收与绿色发展有着紧密关联,通过税收体制改革运用绿色财政政策建立绿色 GDP 核算体系,完善生态补偿和绿色补贴政策,加大政府绿色采购力度及开征环境保护税等也有助于钢铁企业的绿色转型(宋志强等,2013)。

(2)绿色技术。由于钢铁行业的竞争强度大,避免价格战争、降低生产成本、实现成本领先等是钢铁企业面临的重要问题,因此,获取关键绿色技术、缩小技术差距、超越竞争对手、最终实现技术领先,以及提高品牌知名度、做强品牌,尤其是树立企业自主品牌是钢铁企业绿色转型的关键动因。以钢铁制造流程而言存在着"三大功能"为引导的绿色核心技术,包括重点推广、完善后推广和前沿探索的技术,在此基础上还凝练出三大引领性工程,即节能环保系统集成工程、绿色产业生态链接工程,信息化和智能化提升改造工程,完善各类核心技术和重要工程的运用能够优化产业结构,推进绿色转型(张春霞等,2015)。绿色技术发展也意味着创新驱动更为普遍,尤其是近些年来在钢铁行业实施的节能实用技术,如高炉煤气余压发电技术(TRT)、烧结机余热发电技术、炼焦煤调湿技术、干熄焦技术(CDQ)等,此类节能减排技术的推广应用对钢铁行企业的绿色转型具有重大战略意义(马丁等,2015)。

在传统的印刷行业,绿色技术迅速发展,技术标准已日臻完善,设备工艺、原辅材料、软件应用等各方面都达到很高的科技水平,使替代产生环境污染和高能耗传统生产方式成为可能(钟玲等,2013),这表明钢铁企业也同样能够通过高科技实现绿色转型。而已有的大型钢铁企业如宝钢、唐钢等在研发投入方面日益增加,形成的低碳炼铁 FINEX 技术、全氢高炉炼铁技术、碳捕获和分离技术等节能专利、产品、技术数量庞大,此类绿色技术及其推广也成为钢铁企业绿色转型的动因。

(3)市场需求。为了满足市场需求,完善产品种类,优化产品结构,使产品差异化也是钢铁企业绿色转型的拉动因素,同时提高产品附加值、提升产品品质、提高产品性价比、改善产品质量等也要求钢铁企业进一步加深绿色转型。国际上对于钢铁产品的进口进行了严格的管制和监察,对于重污染、各项环保指标不达标的钢铁产品不予签收;国内 2015 年起新出台的《环境保护法》对于钢铁产品的节能减排要求也十分严苛。

如今，市场上需要的不再是粗制滥造的钢铁产品，而是能够符合环境检测、达到环保要求的低碳、生态、循环的绿色钢铁产品。中国钢铁企业的环保水平差距与国际还存在一定差距，大小企业间差距也很明显，尤其是技术装备水平等远不及国外企业（刘涛，2014）。同时作为钢铁出口大国，国内的钢铁企业数目众多，而出口往往容易受到限制，产品不能满足市场需求，这也促使国内钢铁企业实施绿色转型，以更优质的产品来迎合市场。

（4）节能观念普及。近年来雾霾、水污染等问题的频发使公众意识到环境问题的严重性，并开始重视环境保护和节能降耗。在这种社会趋势下，钢铁企业在生产过程中降低能源消耗和污染排放，不仅能降低其生产成本，更是成为钢铁企业履行社会责任的重要手段，也是钢铁企业提升公信力的重要途径。消费者作为能源的终端用户，其利益诉求影响着能源供给和价格，消费者的认知能力提高以及对节能减排的严格要求迫使钢铁企业开始向绿色转型迈进（车亮亮等，2015）。

例如，东北作为老牌钢铁企业聚焦地如今已经出现了很大的城市污染问题，而部分原因是众多的钢铁企业在生产加工过程造成了大气污染、资源浪费等。随着公众节能意识的不断提升，也有反对郊区建设钢铁厂、抗议钢铁企业空气及水源污染等现象出现，迫使重污染钢铁企业采取措施减排。社会范围内的节能观念普及使钢铁企业不再沿用以往只重视经济效益不重视社会效益的经济增长方式，而是积极寻求新的发展出路，这也使钢铁企业的绿色转型成为可能。

9.2.3.2   钢铁企业绿色转型的阻力

（1）地方政府与中央政府的目标不一致。钢铁企业在进行绿色转型时或多或少都会面临来自政府方面的障碍，具体表现在政府将经济目标放在第一位，因而环境标准在实施过程中颇具弹性，会以经济发展为首位，再则地方政府与中央政府的目标函数不一致也阻滞了钢铁企业的绿色转型（刘学敏等，2015）。钢铁企业的绿色转型也存在政企关联紧密复杂，改革政策难以实施的局面，部分大型钢铁企业更是因尾大不掉等种种原因转型实施不灵活，转型拖延时间也很长，最终可能没有实质性成效。

另外地方政府的某些态度，如对国外"绿色壁垒"的坚决抵制，也不利于钢铁企业的绿色转型，从另一个角度来看国外商家的绿色壁垒也有很多是出于对产品质量严格要求的考虑，一味地反对可能使钢铁以次充好，不追求更加优质产品，也会助长企业不恪守环境标准的行为。钢铁企业在对外贸易中也有此类情况，此时地方政府的过度保护可能对钢铁企业的绿色转型产生不利影响。

（2）资源匮乏。在企业内部因素中，资金、技术与人才是影响钢铁绿色转型的重要因素。钢铁企业绿色转型需要一定的资金投入，尤其是对中小型钢铁企业而言，绿色转型极大增加了它们的运营成本和投资风险，使企业不愿去更新陈旧的设备，加大研发投入，实施绿色转型。少数钢铁企业可能会勇于尝试但由于缺少对转型的深入全面认识、自身能力不足，纵使开始实施转型。例如，引进国外先进生产线，但后期也会因为资金或技术不到位而被迫中止，转型难以长久为继。

目前中国钢铁企业普遍采用的干熄焦技术（CDQ）、煤调湿技术（CMC）、煤燃气蒸汽联合循环发电（CCPP）技术等原始技术均来自国外，国内的高端开发技术尚很欠缺，部分企业重要技术缺乏也成为绿色转型的较大障碍（张春霞等，2015）。就人才因素而言，部分钢铁企业缺乏专门实施绿色转型的生产、研发、管理等人才，阻碍了绿色转型的实施与维持。

（3）企业绿色意识淡薄。由于传统的钢铁企业以利润最大化为追求目标，缺乏绿色意识，使有毒有害的工作环境在部分钢铁企业中成为常态，这与绿色转型要求的以人为本相背离，也不符合地球与人的"双健康"（刘学敏等，2015）。另外出于法不责众的侥幸心理，部分钢铁企业存在跟风现象，单个企业的高污染、乱排乱放等问题可能会引得其他企业也效仿，尤其是在偏远地区缺少管制、教育宣传也不到位，使此类现象更为普遍。缺少必要的宣传教育也是导致企业绿色意识淡薄阻碍转型的因素。

此外，由于促进钢铁企业绿色转型的政策环境、社会环境等因素存在不足，企业环境指标等考核不健全，甚至存在法律漏洞，导致合法与不合法企业之间缺少公平竞争的平台，也使得诸多合法企业环境伦理意识减弱从而制约钢铁企业绿色转型。尤其是在区域范围内，钢铁企业可能处理好了某一片区的环境污染情况，但对于其他更大范围内的空气污染、水源污染等问题则缺乏治理意识，出现"公地悲剧"现象。

9.2.4　钢铁企业绿色转型的路径

基于对钢铁企业面临的现实情况，以及对钢铁企业绿色转型的影响因素的分析，本书认为钢铁企业实施绿色转型，要从以下几个方面着手：

9.2.4.1　加强政策的引导与扶持

由于存在市场失灵和外部性的问题，实施绿色转型的钢铁企业难以完全获得其相应的经济、社会等收益。因此，政府应加强对市场失灵和外部性问题的解决。例如，健全绿色转型的知识产权保护机制，补偿绿色转型的环境外部性收益，减少地方政府对国外"绿色壁垒"的排斥，将国内绿色标准向发达国家看齐等。同时，还可以从资金、政策等方面给予扶持，规范地方政府的职权范围，让各类财政补贴或绿色税收等有利于绿色转型的政策能够真正地落实并惠及钢铁企业，使钢铁企业达成有约束条件的利润最大化。发挥好金融体系对绿色转型的调节支撑作用，将部分绿色钢铁企业相关产品纳入政府采购目录。

此外，由于部分钢铁企业的绿色转型意识淡薄，面临的转型风险过高，政府在打造绿色转型氛围的同时，也要为钢铁企业提供一定的市场信息支持，积极宣传绿色转型思想，以强化钢铁企业的绿色转型意识，降低钢铁企业绿色转型的风险。

9.2.4.2　有效利用信息技术

传统的钢铁企业在生产过程中以经验为依据，对生产过程各个环境的能耗、污染排放量等缺乏精确的测量。大数据、互联网、云计算等技术的快速发展，为钢铁企业的绿色转型提供了技术或数据支撑。此外，钢铁企业还要科学合理地配置计量器具、设备设施，对生产的各个环节进行数据采集，着重对关键点进行反复测量，并运用数据挖掘和处理的方式找出最佳控制范围或操作方式。采集到的数据，也可被用来与同行产品的能耗、物耗等相比，针对性地对生产过程的不良环节进行优化。

另外，也可以鼓励各大钢铁企业联合在国内搭建起技术交易的线上或线下平台，整合技术优势，并向中小型钢铁企业扩散，使缺乏技术支持的中小钢铁企业能够以较低的成本来获得各种环保技术。针对营销物流成本过高的问题，也能够通过信息技术来打造完善的物流配送和网络营销体系，围绕钢铁企业这一工业实体，通过与金融、电子交易和第三方支付工具，以及第三方物流企业的合作，提升全方位的服务水平，降低交易成本，为绿色转型提供更为坚实可靠的后盾。

9.2.4.3　实施产学研协同创新

技术创新是钢铁企业绿色转型的重要手段，尤其是绿色创新。但绿色创新具有风险大、投资高、收益滞后等特性，这在一定程度上降低了钢铁企业研发投入的积极性。与自主创新相比，产学研协同创新具有风险分担、优势互补、实现"1+1＞2"的协同效应。因此可以鼓励钢铁企业与高校、科研院所实施产学研协同创新过程，在此过程中还可以积极探索钢铁企业与金融机构的结合模式，将科技与金融联结起来，以金融创新和保险等机构的加入化解钢铁绿色转型的财力、物力风险。

此外，钢铁企业在对自身资源和能力进行准确定位的基础上，针对自身难以实现的绿色技术创新、人才利用等问题，积极地选择与高校、科研院所进行协同合作，通过运用科研院所的强大研发能力和高校充足的人才资源，推进钢铁企业利用高科技人才实现绿色转型。同时还需要制定完善的创新规则，明确各方职能，减少协同过程中摩擦，使协同创新的各方都能够积极地进行合作。

9.2.4.4　充分利用资源，延伸产业链

钢铁生产过程中有大量冶金渣、冶金废气、冶金炉尘等废弃物产生，对其进行一定的处理再加工就可以实现资源的综合回收再利用。例如，对于高炉渣而言，在水泥熟料、石灰等激发剂作用下能显示出水硬胶凝性能因而可以用于水泥生产，部分炼钢渣还能够生产肥料可用作基肥，而冶金废气、高炉煤气等可利用其余压和余热作燃料或者发电等。充分利用此类资源能够减少污染排放，同时也能促进绿色转型的加速发展。

目前，国内外的大量企业逐渐开始注重对产业链的延伸，这也为钢铁企业的绿色转型提供了借鉴，例如，安吉的毛竹产业从第一个产业一直延伸到第三个产业，将毛竹做成了各类工艺装饰品，使 3 个产业对毛竹能够合理利

用。因此，钢铁企业除了通过产品创新对现有材料进行综合开发利用外，还应积极探索向"第一和第三产业"的转型方式，如发展旅游参观、博览展会等与制造相结合的服务型产业。同时，还应积极建立生态产业园，发展循环经济，将资源消耗限制在资源再生的阈值内，将污染排放限制在自然净化的阈值内。

参考文献

[1]　曹东，赵学涛，杨威杉. 中国绿色经济发展和机制政策创新研究[J]. 中国人口·资源与环境，2012，22（5）：49.

[2]　车亮亮，武春友. 我国能源绿色转型对策研究[J]. 大连理工大学学报：社会科学版，2015（2）：41-46.

[3]　杜创国，郭戈英. 绿色转型的内在结构和表达方式——以太原市的实践为例[J]. 中国行政管理，2010（12）：17.

[4]　李华英. 完善生态补偿机制的研究——以浙江省为例[D]. 金华：浙江师范大学，2008.

[5]　廖中举，李喆，黄超. 钢铁企业绿色转型的影响因素及其路径[J]. 钢铁，2016，51（4）：83-88.

[6]　刘纯彬，张晨. 资源型城市绿色转型内涵的理论探讨[J]. 中国人口·资源与环境，2009，19（5）：6.

[7]　刘涛. 钢铁企业实现绿色转型的思考[J]. 冶金经济与管理，2013（4）：31.

[8]　刘涛. 以新《环境保护法》实施为契机促进中国钢铁工业绿色转型[J]. 环境保护，2014，42（21）：37.

[9]　刘学敏，张生玲. 中国企业绿色转型：目标模式、面临障碍与对策[J]. 中国人口·资源与环境，2015，25（6）：2.

[10]　律晓宏. 绿色发展是钢铁企业转型企业必由之路[J]. 科技经济市场，2015（10）：189.

[11]　马丁，陈文颖. 中国钢铁行业技术减排的协同效益分析[J]. 中国环境科学，2015，35（1）：303.

[12]　马克. W 钢铁公司转型升级途径研究[D]. 宁波：宁波大学，2014.

[13]　史培军，李晓兵，张文生，等. 论生物资源开发与生态建设的"双健康模型"[J]. 资

源科学，2004，26（3）：4

[14] 宋志强，贾亚男. 我国绿色税收与绿色发展的实证分析[J]. 生态经济：学术版，2013（2）：144.

[15] 汪涛，王铵. 中国钢铁企业商业模式绿色转型探析[J]. 管理世界，2014（10）：181.

[16] 王国栋. 钢铁行业技术创新和发展方向[J]. 钢铁，2015（9）：1-10.

[17] 王志锋，赵鹏飞. 科学发展观视角下动力衰减型资源城市转型战略思考[J]. 中国人口·资源与环境，2008，18（5）：73.

[18] 俞海，任子平，张永亮，等. 新常态下中国绿色增长：概念、行动与路径[J]. 环境与可持续发展，2015，40（1）：7.

[19] 张春霞，王海风，张寿荣，等. 中国钢铁工业绿色发展工程科技战略及对策[J]. 钢铁，2015（10）：6.

[20] 郑红霞，王毅，黄宝荣. 绿色发展评价指标体系研究综述[J]. 工业技术经济，2013（2）：150.

[21] 中华人民共和国工业和信息化部. 2013年上半年钢铁行业经济运行情况[R].

[22] 钟玲，宗佺，李江，等. 论我国印刷行业的绿色转型[J]. 环境与可持续发展，2013，38（2）：49.

[23] 朱远. 城市发展的绿色转型：关键要素识别与推进策略选择[J]. 东南学术，2012（5）：43.

[24] 诸大建. 基于 PSR 方法的中国城市绿色转型研究[J]. 同济大学学报：社会科学版，2011（4）：37-47.

[25] Johnstone N，Haščič I，Kalamova M. Environmental policy uncertainty and innovation in environmental technologies[M]. Social Science Electronic Publishing，2009.

第 10 章
结论与建议

10.1 结论

本书在系统总结国内外生态文明建设评价体系的基础之上，运用主成分分析法筛选指标构建了浙江省生态文明建设评价指标体系，一级指标为生态文明总指数，4 个二级指标形成 4 个子系统，分别为生态经济发展、生态资源条件、生态环境治理和生态民生和谐。三级指标层包括 25 个指标，其中生态经济发展子系统有 4 个指标，包括 GDP、人均 GDP、第三产业占 GDP 比重、工业企业销售利税率；生态资源条件子系统包括 4 个指标：建成区绿化覆盖率、人均公园绿地面积、人均水资源、人均耕地面积；生态环境治理子系统包括 8 个指标：每万元 GDP 二氧化硫排放量、单位 GDP 水耗、单位 GDP 能耗、二氧化硫处理率、工业烟粉尘去除率、城市生活垃圾无害化处理率、一般工业固体废物综合利用率和污水集中处理率；生态民生和谐子系统有 9 个指标，包括城镇登记失业率、每万人拥有影院、剧院数、每百人拥有图书馆藏书量、城镇职工基本养老保险参保率、职工平均工资、每万人拥有公交车量、互联网普及率、教育经费占地方财政总支出、科技投入占地方财政总支出比重。

用熵值法确定各指标权重，并以 2006 年为基期，对浙江省 11 个城市 2006—2014 年生态文明建设状况进行了评价和分析，主要结论如下：

（1）浙江省生态文明建设综合水平得到很大提升。2006—2014 年浙江省生态文明建设各系统指数都有相应的增长，有五个城市生态文明建设总指数增长态势较好，如杭州、宁波、嘉兴、金华和舟山等城市都有不同程度的提升。将 2014 年 11 个城市的综合评价指数值排序，发现排名靠前的大部分是浙江东北部地区，排名靠后的大多是浙西南地区，因此，浙江省生态文明建设总体水平从东到西呈现逐步降低趋势。

（2）生态文明各子系统指数增长存在差异。2006—2014 年浙江省生态文明建设各子系统指数都有相应的增长，取得了较为显著的效果。但 4 个子系统指数增长的差异都比较大。生态经济发展指数在历年所有的指数中居于最高水平；生态民生和谐指数值仅次于生态经济发展指数，历年都位于第二；生态资源条件指数在所有的指数中水平最低，而且该指数在 2011 年和 2013年还分别出现了下降趋势；生态环境治理指数值略高于生态资源条件指数值，但是也处于较低水平，历年都低于生态经济发展和生态民生和谐指数，且在2013 年还出现了下降趋势。

生态经济发展与生态民生和谐在生态文明建设中起主要的推动作用，相对而言，生态资源环境保护和生态环境治理工作方面还需要继续加大投入力度与提高工作成效，以进一步提高生态文明整体水平。

（3）生态文明建设 4 个子系统之间的协调性有较大的差异。生态文明建设 4 个子系统之间的协调性存在一定差异。生态资源条件指数与生态环境治理指数之间在低发展水平上达到协调；生态经济发展指数与生态资源条件指数之间的协调度在所有系统之间最低，其次是生态经济发展指数与生态环境治理指数，它们都处于不协调的范围。浙江省经济发展水平逐年稳步上升，但是环境保护却没有同步，资源条件难以承载经济发展带来的压力。生态经济发展指数与生态民生和谐指数之间的协调性有几个年份是在协调的范围内，但是 2013 年与 2014 年却降为不协调，这也说明，浙江省在追求经济发展的过程中同时也关注生态民生和谐水平。但是生态民生和谐指数与生态资源条件指数及生态环境治理指数之间的协调度在大部分时间段内处于不协调的状态，生态资源条件改善与生态环境治理工作没能与民生改善同步进行，且前者落后于后者。4 个子系统的总协调系数在 2011 年之前是处于濒临失调与勉强协调的范围，但是从 2011 年之后就进入了轻微失调的范围，说明生态文明建设取得了一定成效。两两系统对比，其中生态资源条件与生态环境治理指数之间处于低发展水平上的协调，生态经济发展与生态资源条件以及生态环境治理之间的协调性最低，生态经济发展与生态民生和谐指数在大部分年份内处于协调范围内。

（4）浙江省生态文明建设水平具有明显的地域差异。浙江省各个城市由于在资源环境、经济发展等方面存在一定差异，生态文明建设水平也存在一定的地域差异。截至 2014 年，除了衢州、舟山、丽水外，其他 8 个城市的共同现象是生态资源指数值在 4 个指数中最低，而生态经济发展与生态民生和谐指数相对较高；杭州、宁波、绍兴在生态经济发展与生态民生和谐指数方面位于前列，而生态资源条件与生态环境治理指数相对较低；衢州、舟山、丽水虽然生态环境治理和生态民生和谐方面指数值较高，但是生态经济发展水平却相对落后；金华、舟山、台州、温州的生态环境治理指数在 2014 年都高于其他 3 个指数。在生态经济发展水平方面，省内各区域显示出从东到西逐步降低趋势。在生态资源条件方面，各城市也有较大的差异，整体分布上呈现从东到西逐步降低的趋势。在生态环境治理方面，浙西南地区增长率高于浙东北地区，增长率最高的城市为金华，其次为台州，较低的城市为杭州、宁波、湖州等。在生态民生和谐方面，浙西南地区生态民生和谐指数增长率普遍低于浙东北。

（5）11 个城市构成不同生态文明建设类型。2006—2014 年各城市在生态文明建设不同维度上各有侧重点。通过聚类分析把 11 个城市分成生态文明建设的不同类型，如杭州和宁波属于生态经济建设型城市，舟山、丽水、衢州、湖州属于生态资源型城市，金华、台州属于生态环境治理型城市，而杭州、宁波、嘉兴则属于生态民生建设型城市。

（6）生态文明子系统协调性。2016—2014 年浙江省生态文明建设取得了明显的成效。两两系统之间的协调性分析显示，生态文明建设在各城市存在着不同系统之间的失调状态。大部分城市生态经济发展和生态民生和谐之间的协调性相对较高，而生态环境治理、生态资源条件与其他系统之间协调性较低。其余两两系统之间的比较，大部分城市都出现了一个系统指数值较大地偏离另外一个指数值的不协调状况，如高经济低资源状态、高经济低治理状态、高民生低资源、高治理低民生状态等。

10.2　建议与对策

（1）加强顶层设计，促进生态文明建设。由研究结论可知，近年来浙江省生态文明建设综合水平得到很大提升，这与浙江省政府重视生态文明建设是分不开的。未来应该继续加强生态文明建设的力度，加大生态文明建设的资金投入，建立绿色经济考核制度，将生态文明建设考核纳入考核制度。并根据地区差异建立差异化的考核机制。东部发达地区要完善领导干部目标责任考核制度，积极探索离任生态审计制度、绿色国民经济核算制度等制度；西南地区建立环境与经济双重考核指标。

2014 年 11 个城市的综合评价指数值排序，显示靠前的大部分是浙江东北部地区，靠后的大多是浙西南地区，浙江省生态文明建设总体水平从东到西呈现逐步降低趋势。因此应该进一步加大对省内中西部地区生态文明建设的投入力度，促进浙江省各城市生态文明建设的协调发展。

（2）重视生态文明各个系统的协调发展。加快生态文明建设，促进可持续发展，需要促进 4 个系统之间相互协调发展，任何一个系统的落后都会导致整体水平与各系统之间的协调性降低，这都不利于生态文明建设总水平提高。研究结论显示生态经济发展与生态民生和谐在生态文明建设中起主要的推动作用，相对而言，生态资源环境保护和生态环境治理工作方面还需要继续加大投入力度与提高工作成效，以进一步提高生态文明整体水平。

4 个子系统的总协调系数在 2011 年之前是处于濒临失调与勉强协调的范围，但是从 2011 年之后就进入了轻微失调的范围，说明生态文明建设取得了一定成效。两两系统对比，其中生态资源条件与生态环境治理指数之间处于低发展水平上的协调，生态经济发展与生态资源条件以及生态环境治理之间的协调性最低，生态经济发展与生态民生和谐指数在大部分年份内处于协调范围内。即经济发展与民生和谐大部分处于正相关关系，经济发达地区生态民生和谐指数较高。但是经济发展与资源和环境治理大多呈负相关，因此尤其要处理好生态经济发展和生态资源与环境治理的矛盾，实现环境、经济双赢。

（3）不同城市采用差别化的生态文明建设之路。在生态经济发展水平方面，省内各区域显示出从东到西逐步降低趋势。在生态资源条件方面，各城市也有较大的差异，整体分布上呈现从东到西逐步降低的趋势。在生态环境治理方面，浙西南地区增长率高于浙东北地区，增长率最高的城市为金华，其次为台州，较低的城市为杭州、宁波、湖州等。在生态民生和谐方面，浙江西南地区生态民生和谐指数增长率普遍低于浙江东北地区。

从"压力—状态—响应"系统来看，浙江省东部地区生态环境治理等方面系统压力较西部地区大。大部分地区应在生态环境方面加大建设力度，优化产业结构，发展第三产业和高新技术产业，促进生态经济发展，加大科技创新，提高资源利用效率，加大环境保护力度。西南地区的生态民生和谐和生态环境治理系统压力较东部地区小，但是生态经济发展浙西南地区的压力较东部地区要大。因此各地市生态文明建设要考虑各地区的社会经济压力、国土资源承载能力和资源环境消耗压力等，东部地区要重点关注环境治理和资源保护，提高资源能源利用效率，西南地区要以保护生态环境为目标，发展经济，实现生态产业化。

10.3　不足与展望

本书虽然在建立浙江省生态文明指标体系及其绩效评估方面取得了一定成果，得出了一些具有理论及实践意义的结论，但是由于时间、经费和经验等方面的限制，仍然存在一些不足之处，主要有以下几个方面：

（1）指标的代表性。虽然在研究过程中，阅读和梳理了大量国内外有关生态文明指标体系的文献，但是由于能力和水平问题，指标的覆盖面、样本的代表性等都有进一步完善的空间。另外，由于数据的可获得性，也使一些重要的指标未能进入生态文明指标体系，或者指标体系中采用了其他数据来代替，对指标体系的全面性和准确性有一定影响。生态文明建设评价指标体系中所选取的具体指标，更多是从量的角度进行选择，未来可以更多考虑质方面的指标。随着经济社会发展，生态文明建设评价指标体系也应该与时俱进，及时进行调整，补充新指标。

（2）数据的收集与分析。研究的大部分数据源于 2006—2014 年《中国城市统计年鉴》《浙江统计年鉴》、各地区官方统计信息网站，但是个别数据由于统计口径不同存在一定差异。由于数据的可获得性，研究结果可能存在一定偏差。研究对全省及 11 个城市生态文明发展绩效的分析是基于 2006—2014 年的数据，由于时间较短，使生态文明建设水平的一些相关结论的正确性可能受到影响。未来可以跟踪研究，随着时间的延长、数据的丰富，对生态文明建设的测量、评估将更加准确，可以更好地指导生态文明建设的实践。

（3）研究方法。本书研究方法主要采用因子分析法、熵值法和描述性统计等，如何更好地用定量分析方法构建生态文明建设指标体系并对绩效进行测量和评估评价，使生态文明建设水平评估更加科学、客观和准确，有待于进一步完善和探索。未来的研究可以考虑采用其他数理统计分析方法，使对生态文明建设的定量分析结果更科学、客观、准确，从而为浙江省乃至我国生态文明建设提供理论指导与决策依据。

后　记

本书是浙江省哲学社会科学重点研究基地"浙江省生态文明研究中心"重点课题"浙江省生态文明建设评价指标体系研究"（14JDST01Z）的研究成果。

我以及团队成员关注生态文明建设由来已久。2008 年参与沈满洪校长主持的国家社科基金重点项目"生态文明建设与区域经济协调发展战略研究"中的子课题"生态科技创新与区域经济协调发展战略研究"，而后陆续开展了生态文明建设相关项目的研究，并发表了相关论文和出版了专著。

课题选题最初由李植斌老师建议，王颖老师具体实施了申请书的撰写等工作，最终获得省规划办立项。

本书由团队合作完成。这里要特别感谢的是我的研究团队。我本人负责了全书的框架设计，撰写、修改和完善各章节。本书在 2012 级研究生胡广同学的硕士论文基础上进行了深化和完善，胡广同学勤奋刻苦，做了大量的工作。廖中举老师善于思考和创新，承担了本书的构架设计、章节安排、技术路线设计等各项工作，并且参与撰写和完善了第 1 章、第 8 章等内容。张志英老师参与撰写和完善了第 1 章、第 4 章、第 5 章、第 6 章、第 7 章和第 9 章的内容，丰富和充实了分析评估的内容，取得了很多新的研究结论。张思潮同学刻苦好学，参与修改和完善了第 2 章的部分内容。魏勇参与修改和完善了第 3 章的内容。陶丽婷和张开富同学参与修改和完善了第 9 章有关上海生态文明建设经验的初稿。黄超、李珍珍和娄夕冉同学参与完善了第 9 章有关钢铁产业转型升级的内容。张蕾老师参与完成了第 8 章开化生态文明建设经验的初稿撰写。

本书有关安吉和开化的内容是在安吉县宣传部课题和开化县宣传部课题的研究报告基础上修改而成的，得到了安吉和开化各级领导的大力支持，在此表示感谢。

本书还得到浙江理工大学人文社科学术专著出版资金（2016 年度）的资助。此外，在我研究的过程中还有很多关心、帮助、支持过我的人，限于篇幅，这里无法一一提及，在此我对他们一并表示深深的谢意。

程　华

2017 年 4 月 25 日

浙江哲学社会科学重点研究基地"浙江省生态文明研究中心"

浙江理工大学经济管理学院

杭州下沙